有源配电网
电磁暂态实时仿真技术

国网浙江省电力有限公司宁波供电公司 著

中国建设科技出版社

北 京

图书在版编目（CIP）数据

有源配电网电磁暂态实时仿真技术 / 国网浙江省电力有限公司宁波供电公司著． -- 北京：中国建设科技出版社，2025.3． -- ISBN 978-7-5160-3437-8

I. TM727

中国国家版本馆CIP数据核字第2024FQ8985号

有源配电网电磁暂态实时仿真技术
YOUYUAN PEIDIANWANG DIANCI ZANTAI SHISHI FANGZHEN JISHU
国网浙江省电力有限公司宁波供电公司　著

出版发行：中国建设科技出版社
地　　址：北京市西城区白纸坊东街2号院6号楼
邮　　编：100054
经　　销：全国各地新华书店
印　　刷：北京印刷集团有限责任公司
开　　本：710mm×1000mm　1/16
印　　张：9.5
字　　数：140千字
版　　次：2025年3月第1版
印　　次：2025年3月第1次
定　　价：88.00元

本社网址：www.jskjcbs.com，微信公众号：zgjskjcbs
请选用正版图书，采购、销售盗版图书属违法行为
版权专有，盗版必究。本社法律顾问：北京天驰君泰律师事务所，张杰律师
举报信箱：zhangjie@tiantailaw.com　　举报电话：（010）63567684
本书如有印装质量问题，由我社事业发展中心负责调换，联系电话：（010）63567692

前 言

在当今世界，电力是现代社会的血脉，其稳定、高效、安全的运行对经济社会的发展举足轻重。随着新能源技术的飞速进步和智能电网的广泛建设，有源配电网作为电力系统的重要组成部分，正经历着前所未有的变革。分布式能源、微电网、电动汽车、储能系统等新型元素的融入，使有源配电网的结构更加复杂，运行方式更加多样，对电力系统的安全、稳定运行提出了新的挑战。为了应对这些挑战，深入研究有源配电网的特性和行为，准确评估新技术和新设备对电网的影响，电磁暂态实时仿真技术应运而生，并成为电力系统研究领域的热点和前沿。

在电力系统领域，仿真是连接理论与实践的桥梁。通过仿真，我们可以在计算机中构建一个虚拟的电力系统模型，模拟其在实际运行中的各种工况，从而深入了解系统的行为特性，评估新技术和新设备的性能，优化系统的运行策略。有源配电网作为电力系统的末端，直接与用户相连，其运行状况直接影响用户的用电质量和电力系统的整体稳定性。然而，有源配电网的复杂性和多样性使研究其运行特性变得异常困难。因此，电磁暂态实时仿真技术成为研究有源配电网的重要手段。

本书包括6章，分别是概述、数字实时仿真技术及系统、有源配电网仿真模型、仿真建模及调试、有源配电网典型案例分析、展望。全书对电磁暂态实时仿真技术的原理、技术、系统及应用的详细论述，以及典型案例的分析和实践，为相关研究者提供了重要参考，也为推动电力系统仿真技术的发展和应用做出了积极探索。

由于编写时间仓促，加之写作水平有限，书中难免存在疏漏或不足之处，欢迎广大读者批评指正。

国网浙江省电力有限公司宁波供电公司经济技术研究所主任　李　鹏

2024年12月

目 录

1 概述 ··· 1
　1.1 仿真的意义 ·· 2
　1.2 电网仿真类型 ·· 3
　1.3 仿真技术发展情况 ··· 7
2 **数字实时仿真技术及系统** ·· 11
　2.1 仿真原理 ·· 12
　2.2 仿真系统介绍 ·· 13
　2.3 仿真软件介绍 ·· 18
3 **有源配电网仿真模型** ·· 21
　3.1 建模环境 ·· 22
　3.2 基础模型 ·· 25
　3.3 有源配电网模型 ··· 46
4 **仿真建模及调试** ·· 83
　4.1 仿真流程 ·· 84
　4.2 典型网格建模案例 ··· 86
5 **有源配电网典型案例分析** ······································ 101
　5.1 分布式光伏接入 ·· 102
　5.2 有源配电网故障保护控制 ·································· 107
　5.3 海岛微电网 ·· 111
　5.4 低压多台区柔性互联系统 ·································· 119
　5.5 氢电耦合直流系统 ··· 125
6 **展望** ·· 133
　6.1 仿真新技术发展 ·· 134
　6.2 仿真应用场景 ··· 138
　6.3 数字实时仿真平台展望 ····································· 141
参考文献 ··· 142

1 概述

1.1 仿真的意义

随着我国"双碳"目标的提出,风和光等新能源在一次能源消费中所占的比例逐渐提高,我国的电力装机容量将呈现出"风光领跑、多元协调"的局面。根据规划,新能源到2030年将成为装机主体,到2050年成为电力供应主体。在构建新型电力系统的过程中,电力系统的不确定因素将大幅增加:在电源侧,系统越来越受新能源稳定性影响,电力电子设备的急剧增多将产生谐波超标等电能质量问题;在电网侧,电缆大规模的敷设使用和直流输配电技术的应用使电网的运行方式更加复杂;在负荷侧,以新能源汽车充电站为代表的电力电子负荷占比迅速攀升,负荷变化呈现出新的特征。新型电力系统作为新型能源体系的重要构成和实现"双碳"目标的关键载体,迫切需要仿真技术升级换代来适应系统发展需求。

电力系统需要在运行过程中保证自身的稳定性,不受到外界因素影响,而电网设备造价高,试验安全性要求高,需要较长时间才能了解系统变化的机理。电网仿真技术是分析电网稳态及动态特性的有效方法,是系统调试试验、调度运行、设备维护和规划设计等的重要辅助手段。运行态或者规划态的电网建模仿真,可以展示电力系统正常和各种异常运行状态下的动态过程,分析系统的故障响应特性,发现系统中的薄弱环节,找出提升安全水平的可行方法;仿真设备接入电力系统中的运行情况,可以确定设备参数和结构,检测各设备性能是否能达到标准,降低不合格产品给电力系统带来的安全风险。因此,仿真技术在电力系统的全寿命周期中应用广泛,有着不可替代的作用。

仿真技术的广泛应用是新型电力系统构建过程中的必然趋势,采用更高精度的仿真算法,既能提升大规模电力系统的实用化仿真能力,又能确保在不同时间尺度上电力电子小系统的计算精度。满足多元化设备、多时间尺度、高精度数据交换、高速计算等要求的电网仿真技术,是建设和运维好新型电力系统不可或缺的技术支撑手段。

1.2 电网仿真类型

1.2.1 仿真形式

按照仿真系统的不同，电力系统仿真主要可以分为三种方法：第一种是采用完全物理模型的动态模拟仿真，第二种是采用纯数字模型的数字仿真，第三种是结合部分物理模型和部分数字模型的数模混合仿真。

动态模拟仿真通过在技术参数上对原型系统进行一定比例的缩减，来构建物理模型系统，并利用这个构建的物理模型来替代真实系统进行试验。然而，它受实验室设备、空间等因素影响，导致模拟尺度受到制约，并且每次测试都需要重新进行布线，费时费力，这是其所面临的一些限制，不具备良好的扩展性和兼容性。

数字仿真技术是运用数字化模型来模拟系统中所需要的元器件，它摆脱了传统系统受到的系统结构和规模等方面的限制，能保证研究过程和实验系统的安全性。数字仿真技术具备诸多优势，有经济高效、操作便捷等特点，可以用于预测未来系统的性能，因此它成为一种电力系统分析和研究不可缺少的工具。

数模混合仿真技术是用数字模型模拟一部分电网，利用物理模型对另一部分电网进行模拟，最后利用物理接口将这两个模型串联起来，把纯软件仿真并入真实的世界中。混合仿真的优点在于综合了数字仿真和物理仿真的优势，其无须搭建大型实物，具有场景搭建与测试便利的特点，能准确反映系统的控制策略，可大幅节约研究测试时间和资源成本。

1.2.2 仿真时间尺度

根据仿真所采用的时间步长，电力系统仿真可以分为不同的时间尺度，包括电磁暂态仿真、机电暂态仿真、融合多个时间尺度的混合仿真，以及中长期动态仿真等。其中，机电暂态仿真的步长为毫秒级，电磁暂态仿真的步长在几微秒至几十微秒级。

（1）机电暂态仿真技术。机电暂态仿真主要用于模拟和分析在面对重大干扰时电力系统的暂态稳定性，以及在遇到轻微扰动时的稳态稳定性。暂态稳定性分析是针对电力系统在遭受如短路故障、负荷、线路的切除，或发电机遭受冲击性负荷、失去励磁等重大干扰时，其是否能够维持同步稳定运行和良好的动态响应能力的分析。为了深入了解这些情况，机电暂态仿真算法采用联合求解电力系统微分方程组和代数方程组的方法，从而获得物理量在时间域内的解。其中微分方程组求解方法包括龙格-库塔法、改进尤拉法、隐式梯形积分法等，隐式梯形积分法因稳定性广受应用。代数方程组求解方法通常是指用来求解非线性代数方程组的牛顿法。

（2）电磁暂态仿真技术。电磁暂态仿真是在数微秒到几秒钟的时间内，利用数字算法仿真和分析暂态过程。进行电磁暂态仿真时，必须综合考虑输电线路的分布参数特性、发电机在电磁和机电暂态过程中的行为，以及参数的频率特性，还有其他电子元件（例如变压器、电抗器、避雷器等）的非线性特性。因此，在构建电磁暂态仿真的数学模型时，需要对上述各部分或系统进行代数、微分或偏微分方程的建模，常见的方法是采用隐式积分法。电磁暂态仿真不仅要构建电力系统动态组件的复杂非线性数学模型，同时需要考虑到电网的暂态过程，这需要使用微分方程进行描述，从而限制了电磁暂态仿真软件的规模。一般而言，在进行电磁暂态仿真时，常常需要对电力系统进行等效化简的操作。电磁暂态仿真可以更加细致地刻画基波和较宽的频域内的物理过程，更能满足具有"双高"特性的电网对分析和计算的要求，已逐步成为电网仿真的主流方法。

（3）中长期动态仿真技术。中长期过程动态仿真涉及广泛的动态元件计算模型，需要考虑原动机及调速器、锅炉系统、自动发电控制系统等模型，各模型的响应时间常数各不相同，时间常数的数量级差别较大，时间跨度会比较大，可以达到数分钟、几十分钟甚至更长，混合着快速和慢速动态过程，是典型的刚性非线性系统。中长期过程动态仿真系统的模型阶数，相比于机电暂态过程大大增加，对数值积分算法的数值稳定性、收敛性和计算效率等提出更高要求。

（4）多时间尺度混合仿真技术。随着直流输电规模的不断扩大，MMC（模块化多电平换流器）等电力电子设备大量使用，由于电网动态分析的时间尺度范围不断变大，直流控制保护暂态（毫秒级）、大电网暂态（秒级)、多模态 MMC 阀暂态(微秒级)等多个物理特性呈现相互交织、强耦合,导致大电网的运行控制特性变得更加复杂。多时间尺度的混合暂态仿真可以通过对电力系统各个部分的响应速率进行不同的模拟,从而能克服单一时间尺度模拟精度不高、计算效率低下等问题。典型应用是,机电-电磁暂态混合仿真技术。机电暂态仿真对电力电子设备、高压直流输电设备等使用准稳态模型或简化模型,这样会导致仿真结果存在较大的误差,电磁暂态仿真虽然能够准确表达这些设备模型,但受到模型和算法的限制,其仿真规模不大。应用机电-电磁暂态混合仿真技术,可以将计算对象的电网拓扑分为电磁暂态计算网络和机电暂态计算网络。接着分别对这两个网络进行计算,在电路连接的接口处进行数据交换,以实现整合的仿真过程,为交直流混联大电网的研究提供了新思路。

1.2.3 仿真实时性

电力系统仿真可以根据仿真系统与物理系统的时间尺度关系进行分类,分为实时仿真和非实时仿真。如果仿真系统与物理系统之间的时间比例系数为1,仿真系统与物理系统以同样的速率同时运行时,那么这种仿真就是实时仿真系统。实时仿真需要每个步长的通信、延迟、计算时间相加后短于现实时间,并且在每个步长结束后进行硬件时钟同步,和非实时仿真相比,其对计算效率方面的要求更为严格,需要额外优化。非实时仿真可以快速对模型进行拓扑、控制器的初步验证,在输电网、配电网、大型复杂网络中都有大量的应用。

实时仿真技术常用于搭建硬件在环仿真系统,在环硬件可以是功率型器件或者是控制器。硬件在环仿真系统能以更小的代价模拟出实际的工程情景,并利用真实的一次设备或现场控制系统来提高模拟结果的可靠性和准确性。与此同时,实时仿真还被广泛地应用于对控制器的性能进行检验,在某些新型控制设备的验证、控制策略的验证中起到非常重要的作用。在一些应用中,仿真模型的计算速率甚至超过现实的物理过程,达到"超实时"的效果。对于拓扑遍历性验证等要求很高的应用下,超实时模拟能有效提升仿真效率。如在数字孪生系统的研究中,通过超实时仿真,能够预测感知电力系统运行状况,并对其进行故障预警和调控。但是，在大规模网络中进行超实时仿真，对算法与硬件都有很高的要求难以推广。基于多机互联的高性能实时仿真技术或云计算技术有望解决上述问题，但相关技术仍处于研究阶段。

全数字实时仿真技术具有占地面积小、建设周期短、重复实验方便、可扩展性好等优势，是目前实时仿真技术的主要研究方向之一。当前国际电力系统研究领域主要采用数字实时仿真器进行模拟，其中包括RTDS、Hypersim、ARENE、DDRTS、ADPSS、RT-LAB以及dSPACE等知名工具。

加拿大曼尼托巴的RTDS公司研制并生产的RTDS，是世界上第一台专门对电网电磁暂态现象进行研究的仿真设备，其硬件结构和软件特点具有代表性，也是目前世界上技术最成熟、应用最广泛的数字实时仿真系统，但设备造价高，可扩展性不强。

加拿大魁北克水力发电研究院的TEQSIM公司研制了Hypersim，它以EMTP（电磁暂态程序）为核心，主要用于电网电磁暂态仿真，具有电磁仿真准确、并行计算能力强大、离线仿真灵活、仿真规模大等优点，但造价高昂，在扩展方面受计算机型号制约。

ARENE是法国电力公司EDF开发的实时仿真系统，其核心软件也是EMTP。该仿真系统提供了基于C语言的用户自定义功能，采用实时Linux操作系统，但软硬件扩展受到计算机型号的制约。

DDRTS是由东北电力调度通信中心、清华大学和殷图科技发展有限公司联合开发、研制的数字实时仿真系统。由于该仿真规模很小，所以只能用于交流系统仿真测试，主要功能是对元件和线路保护进行测试。

ADPSS是中国电力科学研究院开发的可以对大规模电力系统进行模拟的全数字实时仿真装置，实现大规模电力系统的实时数字仿真，还具有电磁-机电混合仿真功能，最大规模为30000个电气节点、3000台机器。

RT-LAB是加拿大Opal-RT技术公司开发的一种用于工业系统的应用程序，是专业的电力电子实时仿真软件。借助这种开放、可扩展的实时仿真软件,直接将利用MATLAB/Simulink建立的动态系统数学模型应用于控制、测试、实时仿真等相关领域。

dSPACE是由德国dSPACE公司推出的半实物仿真软硬件及控制系统开发的工作平台,可以实现与MATLAB/Simulink进行完美衔接,功能强大、可靠性高、扩充性好。

电力系统数字实时仿真系统对比见表1.2.1。

表 1.2.1 电力系统数字实时仿真系统对比

系统	国别	软硬件平台	建模	应用方向	特点
RTDS	加拿大	PowerPC处理器、FPGA Vxwors操作系统	类EMTP模型库	电力系统、电力电子等	技术成熟、应用广泛,设备造价高,可扩展性不强
Hypersim	加拿大	多核处理器、FPGA Linux操作系统	类EMTP模型库	电力系统、电力电子等	仿真规模大、离线仿真灵活,造价高昂、扩展受计算机型号制约
ARENE	法国	多核处理器、Unix操作系统	类EMTP模型库	电力系统	提供基于C语言的用户自定义功能,扩展受计算机型号制约
DDRTS	中国	多核处理器、Windows操作系统	类EMTP模型库	电力系统	测试保护装置,仿真规模较小,只能用于交流系统仿真测试
ADPSS	中国	多核处理器、FPGA QNX/Linux操作系统	类EMTP模型库、机电暂态模型库	电力系统、电力电子等	可模拟大规模电力系统,具备电磁-机电混合仿真能力
RT-LAB	加拿大	多核处理器、FPGA Linux操作系统	MATLAB/Simulink	电力系统、电力电子等	开放可扩展
dSPACE	德国	多核处理器	MATLAB/Simulink	汽车、航天等	可靠性高、扩充性好

1.3 仿真技术发展情况

1.3.1 仿真技术发展历程

最初的电力系统仿真是动态模拟仿真,用物理模型上的试验对现实的电力系统进行研究,按照类似的条件对电力系统的各个部件和设备进行了缩小,配置与实际系统一致的保护和监控系统,将各个部件连接组成电力系统的模型，来代替实际电力系统进行各种控制和故障试验、保护系统测试。然而，由于受到实验室设备和场地的限制，动态模拟在满足大型系统实验研究需求方面存在困难。由于计算机技术的高速发展，出现了用数字模型代替物理模型的新型仿真装置。数字仿真系统利用计算机数值计算的方法来模拟电力系统运行特性，使用灵活方便，成本较低，在电力系统试验研究中广泛应用。

在传统交流电网演进的阶段，国内外学者纷纷运用机电暂态仿真工具，深入探究电力系统的安全稳定性问题。近年来，我国在加速能源转型方面迈出了坚实步伐，推进直流输电和新能源领域的广泛应用，我国巨大的电力网络逐渐演变为一个现代化电力系统，实现了跨区域交直流混合联网。同时，配电网随着分布式光伏和电动汽车的大量应用，逐步发展成有源配电网。电力系统的复杂程度和规模已达到前所未有的水平，系统的架构和技术基础也发生了重大的变化。电力系统的安全面临着全新的挑战。诸如澳大利亚、英国以及其他国家发生的大范围停电事件可以说明，电力电子设备与交流电网之间的相互影响导致了复杂的动态过程和连锁反应的潜在风险。

电力系统规模不断扩展，复杂性也在不断增加，这促使仿真技术迈上新台阶，特别是电磁暂态仿真领域的发展。20世纪60年代，Dommel教授首次提出了电力系统电磁暂态仿真理论，并创立了电磁暂态仿真软件 EMTP 的基础框架。随后，在20世纪70年代，EMTDC 作为首个能够精确模拟高压直流输电等电力电子化系统的电磁暂态仿真软件问世。20世纪90年代，加拿大 RTDS 公司将电磁暂态实时仿真平台进行了商业化。在随后的30年中，电力系统电磁暂态实时仿真研究随着电力电子设备的接入越来越受到重视。

我国电力系统已经踏入世界电网发展的前沿，克服了各种技术难题，在涵盖计算技术、数值稳定性、模型算法和平台架构等多个方面取得进展。这些进展将电网仿真的时间精度从毫秒级提高到了微秒级，实现了能够包含多回路直流系统和高比例新能源系统级电磁暂态仿真。这些成就在我国电力系统中得以应用，为实现工程化应用迈出了重要一步。

我国正在倡导构建崭新的电力系统，以承载高比例的新能源注入。电力系统将呈现"双高"特征，即高比例的新能源接入和高电力电子装置的特点。这种特征将引发节点数量的激增以及复杂控制元件的大量应用，同时交直流耦合和纯直流模式之间的相互影响等新特性也逐渐浮现。电网的安全运行将变得更为错综复杂，对仿真计算在准确性、高效性和规模化等方面的要求将进一步提升。

1.3.2 仿真技术研究进展

（1）国内在自主研发方面取得了显著成就。国内的科研院所和电力公司自主研发的电磁暂态、机电-电磁混合、数模混合等仿真工具被用来提高仿真速度，研发的FPGA（现场可编程门阵列）和CPU异构电磁暂态多时间尺度的并行混合仿真技术、高速输入/输出（I/O）互联技术以及多机多核分网并行技术等重要技术；为了提高电力电子器件仿真的准确度，已开发基于FPGA的微小步长仿真技术，以及基于实际工程情况构建的直流输电控制系统电磁模型等方法，使其具备了万节点以上规模的电网仿真能力、外接多个物理装置的实时仿真能力、含大量电力电子设备的精细化仿真能力，这些自主研发的工具已经成为电力系统故障溯源分析、直流调试方案验证以及处理交直流电网稳定仿真计算疑难问题等关键任务的必备工具。

（2）仿真软件应用。电力系统的静态潮流计算和机电暂态仿真技术已经达到高度成熟，国内涌现了相关软件，例如中国电力科学研究院有限公司开发的PSASP、PSD-BPA仿真软件，这些软件已被广泛用于电力系统的多个领域。随着新型电力系统的不断推进，电磁暂态过程对系统的稳定性影响越发显著，因此电磁暂态仿真工具的应用场景日益扩大。当前，国外的电磁暂态仿真软件在中国市场占据主导地位，尤其是在用于设备研发的电磁暂态硬件在环实时仿真软件方面，形成垄断局面。

（3）国内电网企业重点实验室研究情况。国家电网仿真中心是国家电网公司的重要实验室，同时是电网安全与节能国家重点实验室以及电力系统仿真国家工程实验室的关键组成部分。实验室完成了物理仿真装置与数字实时仿真双向功率传输技术的应用，填补了国内外该领域的空白，实现了不同电力系统分析软件在同一超级计算机上采用不同步长的联合仿真，数模混合仿真技术国际领先。中国南方电网仿真重点实验室是国家能源局认定的"国家能源大电网技术研发（实验）中心"，实验室以大规模 RTDS 实时仿真器和自主研发的 SMART 电磁-机电混合实时仿真器为核心，并配备与现场结构性能一致的直流控制保护装置、稳控装置、机网协调控制装置和各类电网新型控制保护装置，重点研究混联大电网安全运行与控制、特高压直流工程核心技术、大功率电力电子仿真与控制技术、电网运行镜像仿真技术。

2

数字实时仿真技术及系统

本章首先介绍数字实时仿真技术原理，接着以 RT1000 数字实时仿真系统为例，介绍仿真系统的基本信息、技术架构、系统特点、系统型号等，最后介绍仿真软件及主要功能。

2.1 仿真原理

随着数字仿真技术和并行处理技术的发展，数字实时仿真技术已经成为电力系统调度运行、规划设计以及试验研究不可或缺的关键工具。在有源配电网领域，数字实时仿真有着明显的优势，并行处理技术和专门设计的硬件保证了数字实时仿真运行的实时性，基于电磁暂态的数字实时仿真能以 50μs 级的超短仿真步长，实现有源配电网系统级实时仿真。

有源配电网实时仿真指的是通过计算机对系统运行过程进行模拟，以实现对电网状态的实时监视、控制和优化。有源配电网实时仿真的原理是建立电力系统的数学模型，采集实时数据，采用优化算法对电力系统进行优化和分析，达到对电力设备的实时控制，最后将仿真结果以可视化形式展示。

（1）模型建立。有源配电网实时仿真需要建立系统的数学模型，包括变压设备、发电设备、线路等设备的动态方程式和有源配电网的拓扑结构，这些模型要能够准确反映电力系统的运行特性和响应规律。

（2）数据采集。有源配电网实时仿真需要从现场采集系统运行的实时数据，包括电力设备的状态、负荷情况、电网拓扑变化等信息，这些数据要准确、及时地反映电力系统的实时运行状态。

（3）算法优化。有源配电网实时仿真需要采用一些优化算法，如梯度下降法、牛顿迭代法等，对电力系统进行分析和优化，以实现对电力系统的控制和调度。

（4）实时控制。有源配电网实时仿真需要实时控制电力设备的运行状态，包括发电机的出力、变压器的调压、线路的负载等。对电力设备进行实时控制，可以实现对电力系统的优化和调度。

（5）可视化展示。有源配电网实时仿真需要将仿真结果以图形化的形式展示出来，以便于操作员进行监视和控制，这些图形化展示可以包括电力设备的状态、电网拓扑、电能质量等信息。

2.2 仿真系统介绍

2.2.1 RT1000 数字实时仿真系统

RT1000数字实时仿真系统是一个分布式全数字化实时仿真与半实物试验系统,如图2.2.1所示。其具有灵活性强、计算速度快和可扩展性强的特点,可有效解决各种复杂仿真和控制问题。

图 2.2.1　RT1000 数字实时仿真系统

RT1000典型的仿真步长为50μs,具有先进的并行进程技术和精准的电力系统模型,被广泛用于快速控制器原型开发、实时硬件在环控制和测试、电磁暂态现象的动模系统的研究和仿真。

RT1000系统能够持续输出准确的仿真数据,准确地反映实际电网的情景。它可以实时模拟电力系统的运行状况,以及物理系统难以完成的仿真任务。通过动态模拟或实时数字仿真,建立电力系统的模型,模拟各种运行情况和短路故障。这些仿真结果可以通过I/O接口与实际设备相连接,形成方便、灵活的数字-物理闭环回路,以便进行各种继电保护装置或控制方面的实验。RT1000数字实时仿真系统的并行处理技术和专门的硬件设计,保证其可以在电磁暂态时间尺度上完成大规模电力系统的快速仿真运行以及实时仿真运行,实现以更高维度的数据空间来映射、表征电网中各类繁杂的实体及事件,充分挖掘和发挥海量数据资源,从而全面服务电网的运行和控制。

2.2.2 技术架构（图 2.2.2）

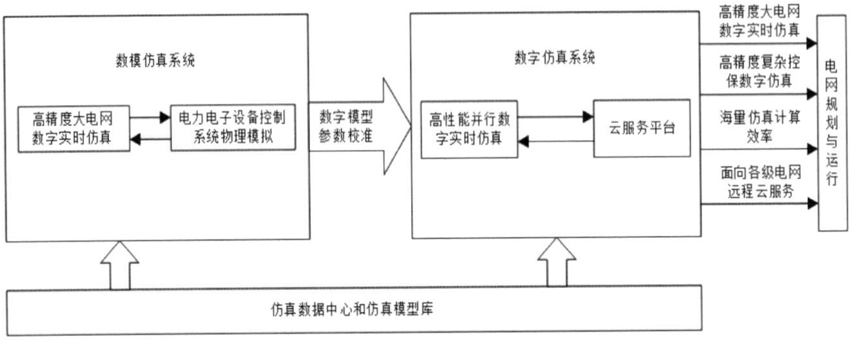

图 2.2.2 技术架构

RT1000数字实时仿真系统在确保超大规模交、直流电网精确仿真的同时，明显提升仿真效率，以满足电网运行和规划不断发展的需求。数模仿真系统主要解决大规模交、直流电网仿真不准的问题，并对数字仿真系统进行校准；数字仿真系统则用来形成大规模电网仿真专业的并行计算系统，目的是解决庞大的交、直流电网仿真过程中仿真速度缓慢问题；同时，数据中心和模型库则为数模和数字仿真系统提供着不可或缺的核心软件研发和数据支持。

数模仿真系统采用数字实时仿真系统和控制器、保护设备等物理设备，通过和现场故障、电网调试等数据进行比较，确保仿真结果的高精度性。将数模仿真的成果应用于数字仿真系统，对其中的数字仿真模型进行校准，实现数模到数字仿真系统的精度传递，从而保证数字仿真系统的高精度仿真。数字仿真系统利用并行仿真技术，实现对大规模交、直流电网的高性能数字仿真，实现电网规划运行的安全稳定分析计算。

2.2.3 系统特点

RT1000数字实时仿真系统数据接口丰富，支持电力行业专业的I/O接口和Modbus、TCP/IP、IEC61850等常用通信协议。RT1000数字实时仿真系统基于高性能处理器结合实时操作系统，为复杂的模型仿真提供运算能力保障。RT1000支数字实时仿真系统持多速率并行运行，模型计算可以在单个CPU内的多个核心之间，或者跨多台仿真计算机之间进行分布式并行运算，多机之间采用工业级高速通信协议，通信延时仅为微秒级，且可配置不同的运算步长。RT1000数字实时仿真系统能够灵活、高效、便捷地使用多项目模型同时运行，支持多用户远程调用，提供丰富的模型库，包括I/O扩展、专业化模型等，并且可以在运行时动态调整模型参数。RT1000数字实时仿真系统的界面提供对每个CPU内核上的模型运行的统计数据，包括运算时间、通信时间、CPU的计算资源裕度等时间信息。

（1）大电网电磁暂态智能建模。利用参数自动转换、智能化网络拓扑以及可复用解耦技术，RT1000数字实时仿真系统实现了电磁暂态模型的智能容错功能，能够批量调整和自动校核，从而显著提升了建模效率和建模精度，为大电网电磁暂态建模带来了重大的改进。

（2）高效并行实时仿真技术。借助网络拓扑分析，RT1000数字实时仿真系统能够自动产生任务块，并评估这些任务块中电网元件的计算资源需求，从而实现任务并行计算核的智能分配。这种分配方式的目标是减小任务间通信的负荷，同时可以根据需要灵活地锁定与硬件相关的接口任务计算承载核。在这一切共同作用下，RT1000数字实时仿真系统实现高达500个计算核同步以$50\mu s$计算步长进行大规模电网电磁暂态实时仿真。

（3）海量交互数据的高速串行协议通信数字实时仿真接口方案。RT1000数字实时仿真系统通过光纤将多回直流控制保护装置的接口信号连接到分布式PCIE接口，使用串行高速通信协议进行信号交互。相比传统的电缆并行传输方式，这种设计使单根光纤能够传输的信号数量增加了200倍。通过充分利用超级计算机多核并行架构，RT1000数字实时仿真系统能够高效地汇集海量信号，有效地解决由于接口信号数量庞大而可能引起的交互阻塞和延时过大的问题。

（4）分散式硬件接口软同步技术。RT1000数字实时仿真系统利用多核并行计算机内部时钟进行软同步，实现了多个分散位置硬件接口之间的数据同步交互。这种方法确保了数字实时仿真的高度准确性和可靠性，满足了对实时仿真的严格要求。

2.2.4 系统型号

RT1000数字实时仿真系统具备业内最高的单机计算能力,每种型号配备不同的处理单元,型号RT1000-0080最高可配置80个处理单元。不同型号配备的处理器不同,型号参数也不同。

RT1000型号通用参数表(表2.2.1)包含系统的尺寸、工作温度、防护等级和接口参数。

表 2.2.1　RT1000 型号通用参数表

型号	通用参数			
	接口	尺寸	工作温度	防护等级
RT1000	4×1000MB 实时传输端口 4×USB3.1 接口 2×DVI 接口 2×Display port 显示接口 2×RS232 数据传输通道,可扩展 3 路 RS232 通道 PS/2 键盘和鼠标接口	1820mm×600mm×620mm	0~55℃	IP20

RT1000型号非通用参数表(表2.2.2)包含系统的处理器、内存、硬盘参数。

表 2.2.2　RT1000 型号非通用参数表

型号	非通用参数		
	处理器	内存	硬盘
RT1000-0050	i7 7700 3.6GHz 8 核	4~64GB DDR4 RAM	1~4TB 可扩展数据硬盘
RT1000-0060	i7 7700 3.6GHz 16 核	4~64GB DDR4 RAM	1~4TB 可扩展数据硬盘
RT1000-0070	Xeon Gold 2.0GHz 32 核	64~1024GB DDR4 RAM ECC	硬盘,3.5 英寸,1TB,可移动框架硬盘,最高 2TB,固态硬盘,CFast
RT1000-0080	Xeon Gold 2.0GHz 80 核	64~1024GB DDR4 RAM ECC	硬盘,3.5 英寸,1TB,可移动框架硬盘,最高 2TB,固态硬盘,CFast

注:1 英寸 =2.54cm。

2.2.5 I/O接口

I/O接口用于信息处理系统与通信，RT1000数字实时仿真系统配有600多种型号的I/O接口，可通过不同的参数等级进行划分。

1. 数字量输入接口

数字量输入接口提供了将数字量数据（如开关信号、计数器、编码器、脉冲信号）输入到RT1000数字实时仿真系统中的能力。RT1000数字实时仿真系统数字量输入接口通常由输入信号接收模块和数字量判定电路两个部分组成。输入信号接收模块负责将来自外部的数字量信号转换为RT1000数字实时仿真系统所需的电信号形式，数字量判定电路则负责将输入信号转换为RT1000数字实时仿真系统中的逻辑状态。一些较新的型号还可能配备额外的功能，如数字量保护、故障检测和自校准等，这些功能可进一步提高数字量输入的精度和可靠性。

2. 数字量输出接口

数字量输出接口是用于将RT1000数字实时仿真系统中的逻辑状态转换为数字量信号（如控制信号、报警信号、状态指示灯等）输出至外部设备的接口。RT1000数字实时仿真系统数字量输出接口通常由数字量判定电路和输出信号发送模块两个部分组成。数字量判定电路负责将RT1000数字实时仿真系统中的逻辑状态转换为数字信号，输出信号发送模块将数字信号转换为外部设备所需的电信号形式。一些较新的型号还可能配备额外的功能，如故障检测、过流保护、输出保持和状态指示等，这些功能可增强数字量输出的精度和可靠性，并提供额外的安全保护。

3. 模拟量输入接口

模拟量输入接口是用于将模拟量信号（如电压、电流、温度、压力等）输入到RT1000数字实时仿真系统中进行仿真分析的接口。RT1000数字实时仿真系统模拟量输入接口通常由模拟量转换芯片、信号调理电路、模拟量输入缓冲电路等部分组成。这些组件协同工作，将外部传感器、仪表或其他模拟量源输出的信号转换为RT1000数字实时仿真系统所接收的电信号形式。某些型号还可配备额外的功能，如高速采样、多通道同步采样、校准和数字滤波等，这些功能可提高模拟量输入的精度、可靠性和稳定性，并进一步提高 RT1000 数字实时仿真系统在电网稳定性研究和保护方面的应用能力。

4. 模拟量输出接口

模拟量输出接口是用于将数字信号（如控制信号、测量数据、仿真结果等）转换为模拟量信号（如电压、电流、频率等）输出至外部设备的接口。RT1000 数字实时仿真系统模拟量输出接口通常由数字模拟转换器、输出电缓冲电路、信号放大电路等部分组成，这些组件协同工作，将 RT1000 数字实时仿真系统中的数字信号转换为外部设备所需的电信号形式。某些型号还可配备额外的功能，如输出保持、多速率采样和锁相环等。这些功能可提高模拟量输出的精度、可靠性和稳定性，并进一步提高 RT1000 数字实时仿真系统在电气控制和实时仿真领域的应用能力。

2.2.6 通信协议

RT1000 数字实时仿真系统支持丰富的通信协议，如 PROFIBUS 通信协议、PROFINET 通信协议、Ethernet/IP 通信协议、CANopen 通信协议、DeviceNET 通信协议、Modbus 通信协议、RS485 通信协议等。以下介绍几种常用通信协议。

（1）PROFINET 通信协议。划分为 V1、V2、V3，通过以太网来实现实时控制和运动控制。V1 采用 TCP/IP 协议，采用标准的以太网，而 V2 和 V3 绕过 TCP/IP 协议，采用另外的网络层和传输层协议。

（2）EtherNet/IP 通信协议。应用层采用 CIP 协议，工业以太网的数据链路层采用的是 CSMA/CD，网络层和传输层采用 TCP/IP 协议族。EtherNet/IP 由 CIPSafety、CIP Sync 和 CIP Motion 来完成功能安全、高精度同步和运功控制等功能。

（3）Modbus 通信信议。该协议的主要目标是在现代通信环境下实现数据传输和通信，为 I/O 模块以及连接其他简单域总线或 I/O 模块的网关服务。

2.3 仿真软件介绍

RT1000 数字实时仿真软件是一款能实现实时运行控制的可模块

化管理的仿真软件组件,具有很强的灵活性,随时修改和添加功能。RT1000数字实时仿真软件提供了一个可编程的、实时响应的仿真环境,能够准确地模拟各种电力系统的动态响应和控制策略。RT1000数字实时仿真软件能够模拟各种规模的电力系统网络,包括发电机、变电站、输电线路、配电网等各种设备,在实时运行过程中能动态调整信号参数,并立即监视效果。

2.3.1 软件特点

Simulink与RT1000数字实时仿真软件两者相互配合,Simulink主要用于搭建模型,将Simulink模型转换为数字实时仿真运行模型,然后加载到RT1000数字实时仿真软件中运行,从而达到实时运行的效果。对实时控制软件编程,RT1000数字实时仿真软件可以在IEC 61131-3编程语言、C++和MATLAB/Simulink之间灵活选择;RT1000数字实时仿真软件提供程序代码的集成调试选项和控制硬件的诊断功能,开发组件可以通过添加诸如软件示波器等功能的方式进行功能扩展;数字实时仿真软件将所有开发组件集成到Microsoft Visual Studio中,从实时仿真运行到可视化和数据分析,所有操作都在一个集成式环境中进行;RT1000数字实时仿真软件提供多样化的接口,可以方便地通过OPCUA等协议实现与数据库或云端服务器的IT连接;在现有协议的基础上可以根据需求扩展新的协议,支持所有常见的现场总线系统,因而能够灵活响应现场总线领域的不同需求。

2.3.2 主要功能

在实时仿真的过程中,RT1000数字实时仿真软件的两大主要功能,分别是数字实时仿真的控制功能和自定义绘制用户界面功能。

1.数字实时仿真的控制功能

RT1000数字实时仿真软件主要有实现模型导入、激活、运行、暂停、快照、在线参数调整、仿真状态显示等多种功能。

(1)模型的导入、激活、运行和暂停。相对于传统的控制器,RT1000数字实时仿真软件最大的特点是软硬件分离。具体的电网仿真模型运行在RT1000数字实时仿真系统的硬件设备中,RT1000数字实时仿真软件作为软控制器运行在上位机PC中控制整体电网的运行状态，在使用界面能非常方便地进行模型导入、激活和运行，可随时暂停观察仿真数据。

（2）模型参数在线调整。RT1000数字实时仿真软件作为RT1000数字实时仿真系统控制器的核心部分，具有良好的开放性和可扩展性。具备跨PC的能力，同样的程序可以运行在不同的PC上，同时能够用于控制I/O模块和驱动器，兼容多种现场总线。在电网仿真模型运行在RT1000数字实时仿真系统中时，可以在模型运行状态下修改模型参数。

（3）仿真状态显示。RT1000数字实时仿真软件可以将仿真数据以可视化的方式展现出来，使用户可以更加直观地了解仿真结果和仿真过程，用户可以通过鼠标等输入设备控制显示的内容和方式，可以自定义显示范围、颜色、透明度等参数。

2.自定义绘制用户界面

RT1000数字实时仿真软件具有自带的自定义绘制用户界面，借助图形化的手段，清晰、有效地传达与沟通信息，在适应用户的操作习惯的同时帮助用户更好地分析数据。其特点如下。

（1）灵活性强。自定义绘制用户界面可以随意创造各种独特的界面效果，无限制地发挥创造力，适应各种需求。

（2）操作掌控性强。自定义绘制用户界面可以根据实际情况进行设计，界面操作方式可以针对不同用户分类，大大提高用户对界面的掌控性。

（3）用户体验优秀。自定义绘制用户界面可以根据用户喜好及使用习惯进行优化，以形式美观、交互舒适为基础思路关注用户需求，增强用户体验。

（4）运行效率高。相对于传统的界面开发，自定义绘制用户界面在运行效率上能够实现高速运行。

（5）可维护性良好。由于自定义绘制用户界面具备灵活性，单一组件之间的耦合度较低，因此界面的维护性得到提高。

3

有源配电网仿真模型

本章介绍有源配电网电磁暂态仿真的建模环境及常用模型库，按模型原理、参数含义的思路分别介绍常用的基础模型、基本电路模型以及有源配电网主要设备模型，并以案例的形式说明设备模型的参数设置及使用方法。

3.1 建模环境

3.1.1 Simulink 软件

有源配电网仿真建模需要利用 Simulink 环境。Simulink 是 MATLAB 软件的一个重要组件，其主要作用是对动态系统进行建模、仿真和分析，包括连续系统、离散系统以及连续与离散混合系统，适用于复杂有源配电网系统仿真。Simulink 采用图形化的交互环境，拥有极其丰富的基本功能模块。用户只需通过鼠标拖动调用把各模块相连，即可迅速构成所需要的系统模型（以 .mdl 文件进行存取），进行仿真与分析。Simulink 主要特点如下。

（1）建模直观，模型丰富。Simulink 是一款图形化的仿真工具，用户通过简单的鼠标拖放操作，就能快速构建动态系统的框图模型。Simulink 支持线性、非线性、连续、离散、多变量和混合式系统结构，标准库内涵盖 150 多种功能模块，几乎可以用于构建各种类型的真实动态系统。这些模块包括输入信号源、输入/输出元件、线性函数、非线性函数以及数据显示模块等。

（2）自定义模块和用户代码开发。Simulink 模型库支持用户自定义开发，也可以修改已有模块的图标，重新设定对话框。Simulink 允许用户把自己编写的 C 语言、FORTRAN、Ada 等代码直接植入 Simulink 模型中。

（3）精确快速设计模型。Simulink 凭借其优秀的积分算法，在非线性系统仿真方面展现出极高的精度。其先进的常微分方程求解器不仅适用于解决刚性和非刚性系统，还能够处理存在事件触发或不连续状态的系统，以及具有代数环的系统。通过 Simulink 的求解器，用户可以确保连续系统和离散系统的仿真能够高速、准确地进行。这些特性使 Simulink 成为一个强大的工具，支持复杂系统的精确建模与仿真，为用户提供了探索和分析系统行为的高效途径。

（4）复杂系统分层建模。Simulink具备分级建模的能力，使体积庞大、结构复杂的模型构建也变得简单易行。用户可以将各种模块按需组织成多个子系统，从而有效地组织模型结构。基于这种分级建模方式，整个系统可以通过自顶向下或自底向上的方法逐步构建。子模型的层次数量完全取决于正在构建的系统，而不受软件本身的限制。为了方便操作大型复杂结构系统，Simulink还提供了模型结构浏览功能，使用户能够更加方便地管理和浏览模型的各个组成部分。

（5）交互式仿真分析。Simulink的示波器功能能够以动画和图形的形式显示数据，用户可以在仿真运行过程中调整模型参数，同时能够在仿真进行时监视仿真结果。这种交互式的特性赋予了用户高度的灵活性，使他们能够迅速评估不同的算法和方案。

本章仿真建模依托于MATLAB2018a中的Simulink版本开展。

3.1.2　常用模型库

在有源配电网建模中，主要使用的是标准Simulink模型库和Simscape模型库。

1. 标准Simulink模型库（图3.1.1）

标准Simulink模型库包含常用模块（Commonly Used Blocks）库、连续模块（Continuous）库、离散模块（Discrete）库、数学计算模块（Math Operation）库、信号数据流模块（Signal Routing）库、接收器（Sinks）模块库、信号源模块（Sources）库以及用户自定义函数库（User-Defined Functions）等21个子模型库。

（1）常用模块库主要包含各模块库中最常用的模型，方便用户使用。

（2）连续模块库提供了用于构建连续控制系统仿真模型的模块，包括微分单元（Derivative）、积分单元（Integrator）、延时单元（Transport Delay）、可变传输延时单元（Variable Transport Delay）等。

（3）离散模块库功能所包含的模块基本与连续系统模块库相对应，如离散时间积分器（Discrete-time Integrator）、一个采样周期的延时（Unit Delay）、可变整数延迟（Variable Integer Delay）等。

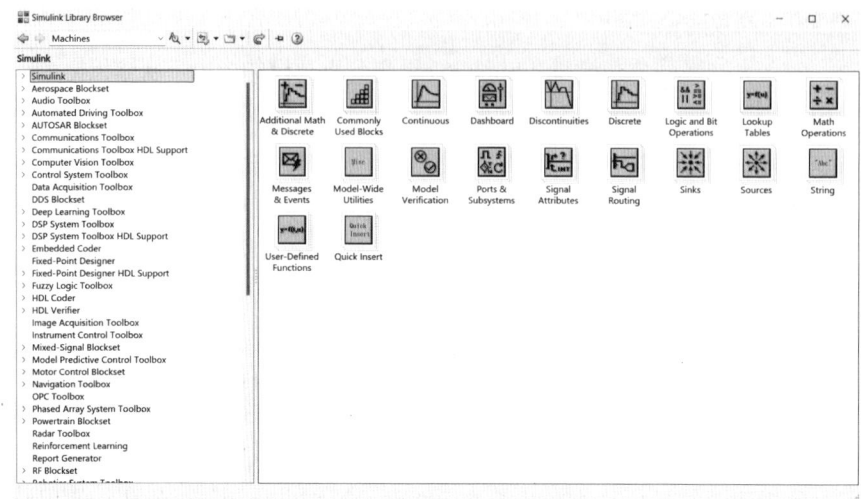

图 3.1.1 标准 Simulink 模型库

（4）数学计算模块库提供了加（Add）、减（Subtract）、乘（Product）、除（Divide）以及复数计算等计算模块，包括输入信号绝对值单元（Abs）、计算复位信号幅度与/或相位单元（Complex to Magnitude-Angle）等数学函数。

（5）信号数据流模块库提供了用于仿真系统中信号和数据各种流向控制操作，包括合并（Bus Creator、mux）、分离（Bus Selector、Demux）、选择（Switch）、数据传输（From、Go to）等模块。

（6）接收器模块库提供了10种常用的显示和记录仪表（Out1、Display、Scope、Terminator等），用于观察信号的波形或记录信号数据。

（7）信号源模块库提供了20多种常用的信号发生器（Clock、Constant、In1、Ground、Step、Sinewave等），用于产生系统的激励信号，并且可以从MATLAB工作空间及".mat文件"中读入信号数据。

（8）用户自定义函数库通过将自定义函数引入系统模型，用户可以扩展模型的能力，实现更复杂的计算和行为。

2. Simscape模型库（图3.1.2）

Simscape库中包含动力传动（Driveline）库、电子元件（Electronics）库、流体元件（Fluids）库、基础元件（Foundation Library）库、多体

3 有源配电网仿真模型

元件（Multibody）库、电力系统（Power System）库以及实用型模块（Utilities）库7个子模型库。其中有源配电网建模所需元件主要集中于电力系统库中的专业技术（Specialized Technology）子模型库。

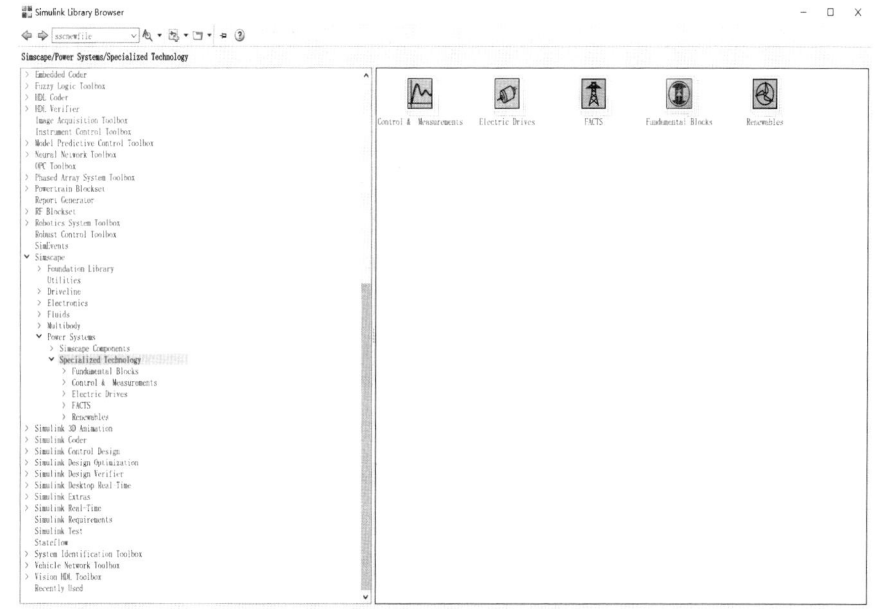

图 3.1.2　Simscape 模型库

其中，控制和测量模块（Control & Measurements）包含均方根（RMS）计算模型、总谐波畸变计算模型（DHL）、锁相环（PLL）等配电网建模计算所需模型；电动驱动器模块（Electric Drives）包含电池（Battery）、燃料电池堆（Fuel Cell Stack）等模型；柔性输电模块（Facts）包括常用的柔性输电模型；基础模块（Fundamental Blocks）包含了电力系统中的交直流电源、负荷、测量等电气元器件；可再生能源模块（Renewables）包含光伏（Solar）、风机（Wind Generation）等新能源发电仿真案例模型。

3.2　基础模型

本节将对有源配电网仿真所需的常用模型进行详细介绍，包括常用控制计算模型和基本电路模型。电力系统建模参数有两种单位，分别是标幺值 PU 和有名值 SI，可以相互转换。

3.2.1 基础控制测量模型

1. Powergui 模型（图 3.2.1）

Powergui 模型为电力系统仿真所必需的驱动模型，提取路径均如下：
Simscape/Power Systems/Specialized Technology/Fundamental Blocks/

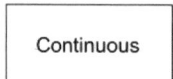

图 3.2.1 Powergui 模型

Powergui 的仿真模式（Simulink Type）有连续模式（Continuous）、离散模式（Discretization）或者相角（Phasor）模式，可根据实际仿真需求设定，在有源配电网仿真中通常采用离散模式，仿真步长为 50μs。Powergui 参数设置如图 3.2.2 所示。

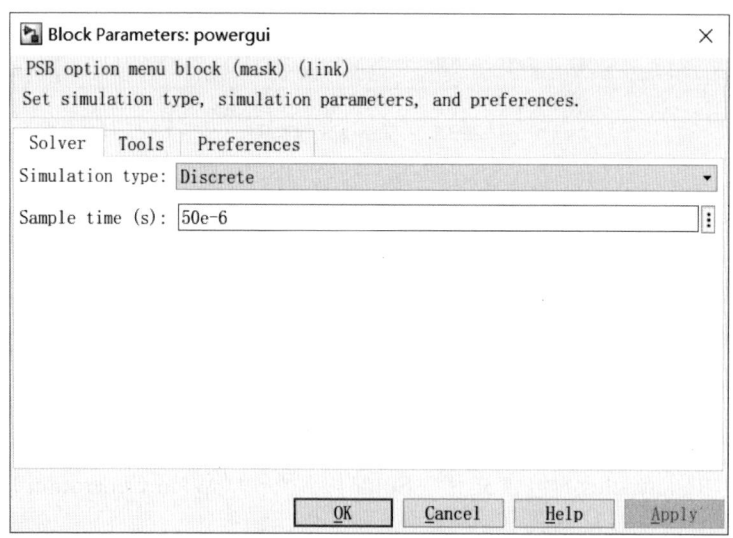

图 3.2.2 Powergui 参数设置

2. 测量模型

有源配电网仿真过程中常用的测量模型有电压测量（Voltage

Measurement）、电流测量（Current Measurement）和三相电压电流测量（Three-Phase V-I Measurement）模型，如图3.2.3所示。3个模型的提取路径均为：

Simscape/Power Systems/Specialized Technology/Fundamental Blocks/Measurements

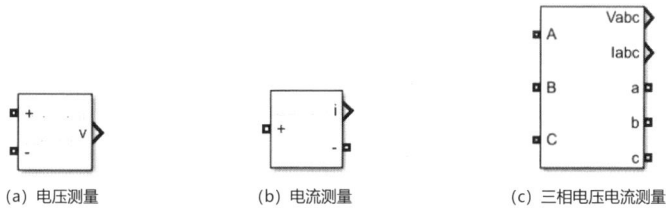

(a) 电压测量　　　　(b) 电流测量　　　　(c) 三相电压电流测量

图 3.2.3　电压测量、电流测量、三相电压电流测量模型

双击模型便能设置模型参数属性。

如图3.2.4所示，电压或电流测量模型的输出信号（Output Signal）类型有4种，分别是：复合（Complex），输出的是一个复信号；实部-虚部（real-image），输出的是包含测量信号实部和虚部的向量；幅度-角度（Magnitude-Angle），输出测量信号的幅度和角度；幅度（Magnitude），输出的是一个标量值。通常默认为Complex。

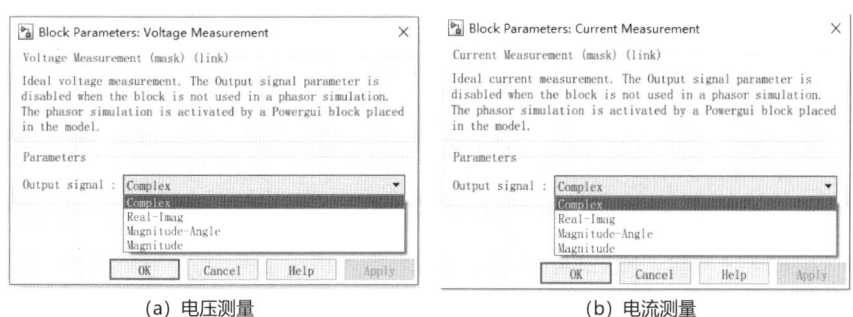

(a) 电压测量　　　　　　　　(b) 电流测量

图 3.2.4　电压测量、电流测量模块参数设置

图3.2.5是三相电压电流模块参数设置，参数"Voltage measurement"可选择相电压phase-to-ground（默认）、线电压phase-to-phase或不需要测量no。勾选"Use a lable"选项后可以对所测量的电压和电流进行

命名。参数"Current measurement"选择 yes 或者 no 来控制是否需要测量电流。

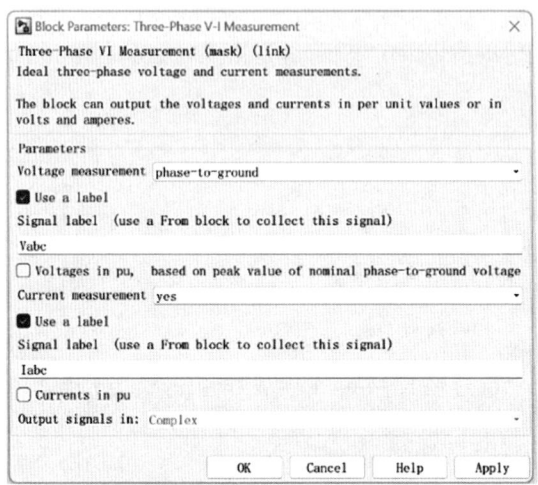

图 3.2.5　三相电压电流模块参数设置

3. 示波器模块

图 3.2.6 为示波器元件，用于各种信号的波形展示，提取路径如下：Simulink/Commonly Used Blocks

图 3.2.6　示波器模型

如图 3.2.7(a) 所示，参数"Open at simulation start"代表当仿真运行时，示波器自动跳出；参数"Display the full path"代表显示 Simulink 文件全路径；参数"Number of input ports"可以设置输入信号个数，参数"layout"则是对波形页面进行布局；参数"Sample time"用于指定波形数据采样时间，默认为 -1，代表的是与仿真时间同步。

如图 3.2.7(b) 所示，参数"Time span"代表的是模拟启动和停止时间之间的差异；参数"Time-axis labels"表示时间轴标签的显示方式，默认为在底部展示（Bottom displays only）。

3 有源配电网仿真模型

如图3.2.7(c)所示，参数"Active display"用于选择显示具体某一个波形，当输入信号大于等于两个时需要设置；参数"Title"用来命名显示波的标题，方便用户区分波形；参数"Show grid"代表可显示网格线。

如图3.2.7(d)所示，通过"Style"的参数页面设置可以对示波器的波形背景颜色（Figure color）、坐标轴颜色（Axes colors）以及波形线（Line）属性等参数进行设置。

图 3.2.7　示波器参数设置

4. 数据传输模型

图3.2.8为常用的数据传输模型，$f(t)$为输入信号，包括In/Out、From/Goto模型，用于仿真系统控制信号传输。

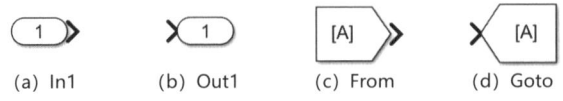

图 3.2.8 数据传输模型

In/Out模型主要作为子系统的输入/输出信号端口使用；在数字实时仿真中，还可以作为整个模型输入/输出信号，便于实现多个计算单元、多台仿真设备间的同步运行。模型提取路径如下：

Simulink/Commonly Used Blocks

In/Out模型参数设置相同，这里以In1模型为例进行介绍（图3.2.9）。图3.2.9（a）中，参数"Port number"为模型编号。参数"Icon display"为图标显示，指定要在该输入端口图标上显示的信息，默认选择Port number，只显示端口号；Signal name为显示端口名称；Port number and signal name为同时显示端口号和信号名称。图3.2.9（b）中，参数"Data type"可以指定支持外部输入信号的数据，常用的有双精度浮点型（double）、整型（int）和布尔型（boolean）。

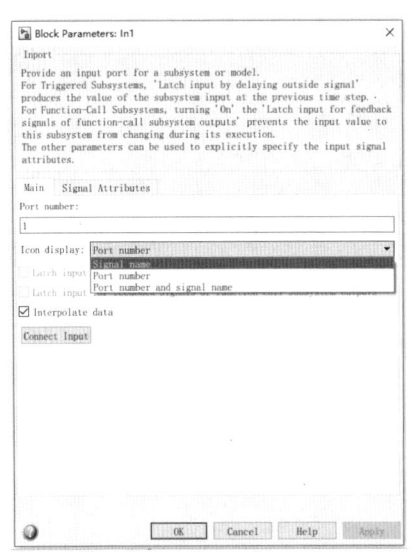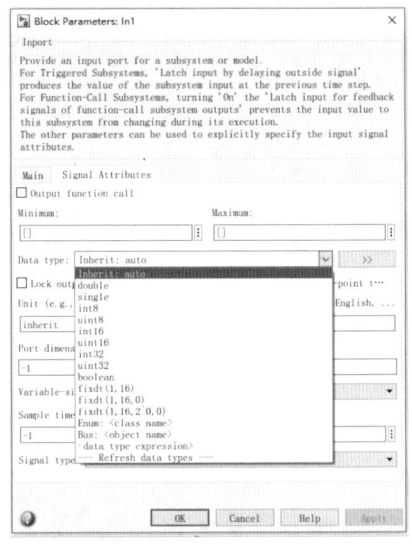

图 3.2.9　In 模型参数设置

From/Goto模型主要是代替模型中控制信号的连接线，适用于比较

3 有源配电网仿真模型

复杂的仿真模型。提取路径如下：

Simulink/Signal Routine

From/Goto 模型参数设置类似，本节以 Goto 模型为例进行介绍（图 3.2.10）。参数"Goto tag"用于设定传输信号的名称，"Tag visibility"决定了对 From 模块使用位置的限制，local、scoped 表示该信号仅在同一子系统中传输，global 表示该信号支持在模型全局传输。

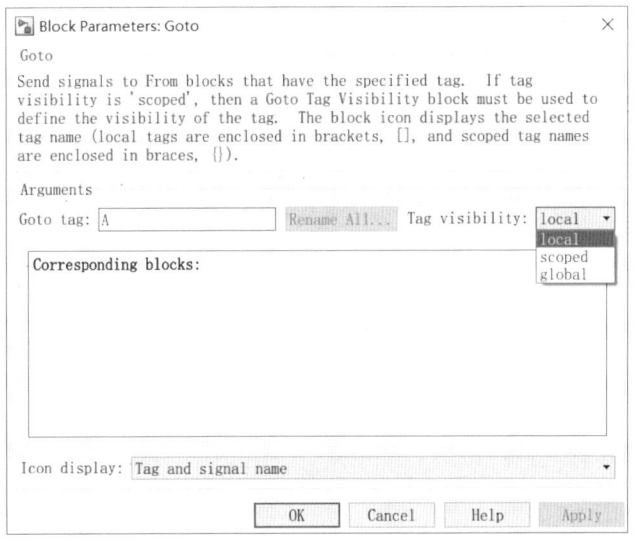

图 3.2.10　Goto 模型参数设置

5.均方根计算模块

图 3.2.11 为均方根计算模块，测量输入信号在指定基频下的均方根数值，用于电力系统仿真计算。提取路径如下：

Simscape/Power System/Specialized Technology/Control&Measurements/Measurements

输入信号的均方根值通过在指定基频的一个窗口周期数据计算，公式如下：

$$\mathrm{RMS}[f(t)] = \sqrt{\frac{1}{T}\int_{t-T}^{t} f(t)^2}$$

式中，$f(t)$ 为输入信号；t 为 1/基频。

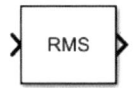

图 3.2.11 均方根计算模型

图 3.2.12 为均方根计算模型参数设置。其中，参数"Fundamental frequency"为输入信号的基频，单位为赫兹，默认值为 60、参数"Initial RMS value"为输出信号初始均方根值，默认值为 120；参数"Sample time"为采样时间，单位为秒，默认值为 0，表示连续时间。

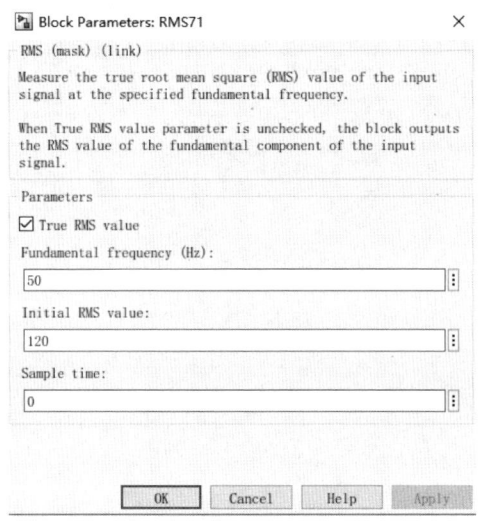

图 3.2.12 均方根计算模型参数设置

6. 总谐波畸变计算模型

图 3.2.13 为总谐波畸变计算模型（THD），提取路径如下：
Simscape/Power System/Specialized Technology/Control&Measurements/Measurements

图 3.2.13 总谐波畸变计算模型

THD 模型的输入信号可以是测量的电压或电流。THD 定义为信号

总谐波的有效值除以其基波信号的有效值。以电流信号为例,THD的定义为

$$\frac{I_\text{H}}{I_\text{F}}$$

$$I_\text{H} = \sqrt{I_2^2 + I_3^2 + \ldots + I_n^2}$$

式中,I_H为信号总谐波的有效值;I_n为n次谐波的均方根值;I_F为基波电流的均方根值。

图3.2.14为总谐波畸变计算模型参数设置。其中,参数"Fundamental frequency of input signal"是指定输入信号的基频,以赫兹为单位。默认值为60;参数"Sample time"是指定的采样时间,单位为秒,默认值为0,表示连续时间。

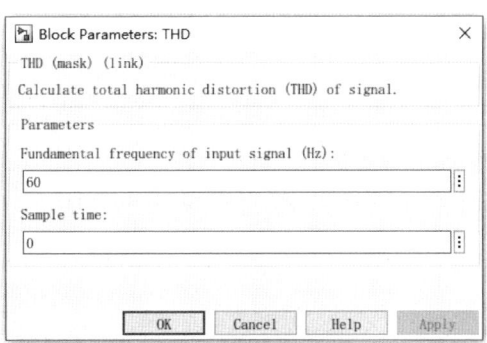

图3.2.14　总谐波畸变计算模型

7. 锁相环模型

图3.2.15为锁相环模型,输入为三相电压/电流信号,输出为频率和相角,提取路径如下:

Simscape/Power System/Specialized Technology/Control & Measurements/PLL

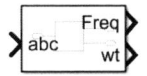

图3.2.15　锁相环模型图标

锁相环模型对锁相环（PLL）闭环控制系统进行建模，该系统使用内部频率振荡器跟踪正弦三相信号的频率和相位，内部流程如图3.2.16所示。三相输入信号通过Park变换转换为dq0坐标轴信号，该信号的正交轴q与abc信号和内部振荡器旋转帧之间的相位差成正比，通过均值可变频率（Variable Frequency）模型进行滤波，再通过具有可选自动增益控制（AGC）的比例-积分-微分控制器（PID Controller）将相位差保持在0。

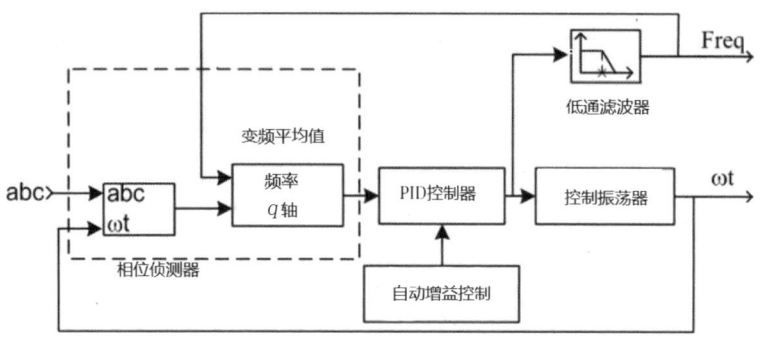

图 3.2.16　锁相环模型控制原理

图3.2.17为锁相环模型的参数设置框。其中，参数"Minimum frequency"为输入信号最小预期频率；参数"Initial inputs [Phase (degrees),Frequency(Hz)]"为输入信号的初始相位和频率；参数"Regulator gains [Kp,Ki,Kd]"为内部PID控制器的参数，利用增益来调整PLL响应时间、过冲和稳态误差性能，默认值为[180，3200，1]；参数"Time constant for derivative action(s)"为一阶滤波器的时间常数，默认值为1e-4；参数"Maximum rate of change of frequency(Hz/s)"为信号频率的最大变化速率，默认值为12；参数"Filter cut-off frequency for frequency measurement(Hz)"为二阶低通滤波器截止频率，默认值为25；参数"Sample time"为采样时间，单位为秒，默认值为0，表示连续时间。

3 有源配电网仿真模型

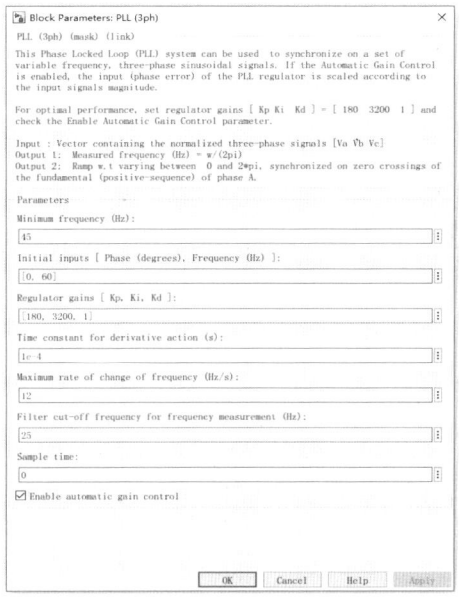

图 3.2.17 锁相环模型参数设置

8.功率计算模型

图 3.2.18 为功率计算模型，输入为三相电压、三相电流、频率和相角，输出为对应的有功功率、无功功率，提取路径如下：

Simscape/Power System/Specialized Technology/Control & Measurements/Measurements

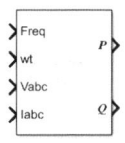

图 3.2.18 功率计算模型图标

该模型用于计算一组周期性三相电压和电流的正序有功功率和无功功率。该模型首先计算输入电压和电流的正序，在输入 1（Freq）给出的基频的一个周期内计算，所需的参考系由输入 2（wt）给出。前两个输入通常连接到锁相环块的输出。

计算公式如下：

$$P = 3 \times \frac{|V_1|}{\sqrt{2}} \times \frac{|I_1|}{\sqrt{2}} \times \cos(\varphi)$$

$$Q = 3 \times \frac{|V_1|}{\sqrt{2}} \times \frac{|I_1|}{\sqrt{2}} \times \sin(\varphi)$$

$$\varphi = \angle V_1 - \angle I_1$$

式中，V_1是输入量 Vabc 的正序分量；I_1是输入量 Iabc 的正序分量；P为流入电路的有功功率；Q为流入电路的无功功率。

由于该模型以一个运行周期进行计算，在给出正确的值之前，必须完成一个周期的模拟。

图3.2.19为功率计算模型参数设置。其中，参数"Initial frequency"为第一个模拟周期的频率，默认值为60；参数"Minimum frequency"为最小频率，默认值为45；参数"Voltage initial input [Mag, Phase (degrees)]"为相对于锁相环相位的电压信号的初始正序幅值和相位，以度为单位，默认值为[1,0]；参数"Current initial input [Mag, Phase (degrees)]"为相对于锁相环相位的电流信号的初始正序幅值和相位，以度为单位；参数"Sample time"为采样时间，单位为秒，默认值为0，表示连续时间。

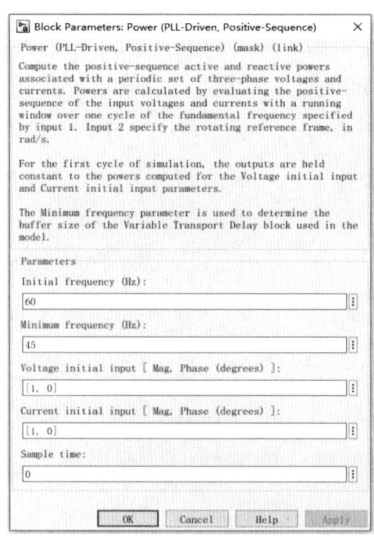

图 3.2.19　功率计算模型参数设置

3.2.2 基本电路模型

1. 电源

图3.2.20为有源配电网建模常用电源模型,包括直流电压源模型(DC Voltage Source)和三相交流电源(Three-Phase Source)模型,提取路径如下:

Simscape/Power System/Specialized Technology/Fundamental Blocks/Electrical Sources

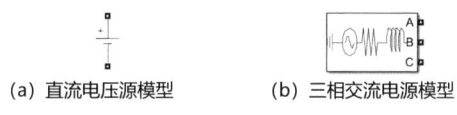

(a) 直流电压源模型　　(b) 三相交流电源模型

图 3.2.20　电源模型

直流电压源模型参数设置如图如3.2.21所示,参数"Amplitude (V)"表示电压幅值,单位为福特;参数"Measurements"可以选择电压(Voltage)选项来测量实际输出电压,不需要时则选"None"。

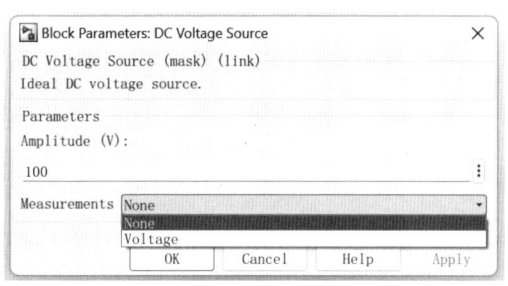

图 3.2.21　直流电压源模型参数设置

三相交流电源用于模拟具有内部R-L阻抗的平衡三相电压源,可以通过输入R和L值直接指定内阻和电感,也可以通过设定短路能力比来间接指定内阻和电感。其参数设置界面如图3.2.22所示。在图3.2.22(a)中,参数"Configuration"表示三相电源内部接线方式:Y为无中性线引出星形接法;Yn为有中性线引出星形接法;Yg为有中性点接地的星形接法。参数"Phase-to-phase voltage"代表相电压。参数"Phase angle of phase A(degrees)"代表A相相角,默认值为0。参数"Frequency"表示频率。参数"Internal"选中（默认选中）时，可以设置电源内阻；参数"Source resistance（Ohms）"表示内部电阻，单位为欧姆（Ω），默认值为0.8929；参数"Source inductance（H）"表示内部电感，单位为亨利（H），默认值为16.58e-3。图3.2.22（b）是该模型的潮流（Load Flow）设置界面，参数"Generator type"用于设置电源节点类型，默认选择 swing，为平衡节点，控制端电压的幅度和相角；选择PV设定为PV节点，控制输出有功功率P和电压幅度V；选择PQ设定为PQ节点，控制输出有功功率P和无功功率Q。

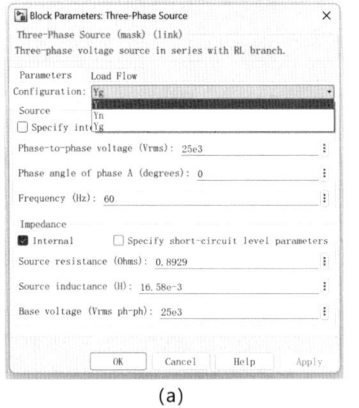

图 3.2.22　三相交流电压源参数设置

2. RLC元件

图3.2.23为有源配电网建模常用的电容、电感、电阻RLC模型，有串联（Series）和并联（Parallel）、支路（Branch）和负载（Load）、单相和三相（Three-Phase）之分。

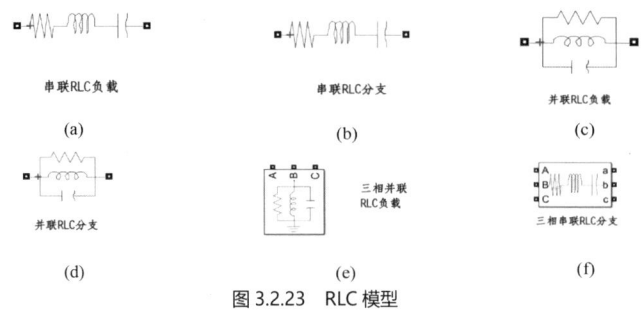

图 3.2.23　RLC 模型

串联和并联模型的参数设置相同,这里以并联模型为例进行介绍,包括支路模型和负载模型。

图3.2.24(a)和图3.2.24(b)为支路参数设置,参数"Branch type"为RLC组合类型,包括R、L、C、RC、RL等,当R=inf、L=inf、C=0时为开路(open circuit),默认选择RLC。参数"Resistance R (Ohms)"为电阻值,单位为欧姆,默认值为1。参数"Inductance L(H)"为电感值,单位为亨利,默认值为1e-3。参数"Capacitance C(F)"为电容值,单位为法拉(F),默认值为1e-6。勾选"Set the initial inductor current"设置初始电流值,勾选"Set the initial capacitor voltage"设置初始电压值。选择"Measurements"来确定是否需要测量支路电压、电流值。

图3.2.24(c)和图3.2.24(d)为负载参数设置,参数"Nominal voltage Vn(Vrms)"是负载额定电压,单位为伏特,默认值为1000;参数"Nominal frequency fn(Hz)"为额定频率,单位为赫兹;"Active power P(W)"为负载的有功功率,单位为瓦特,默认值为10e3。"Inductive reactive Power QL(positive var)"为感性无功功率QL,以var为单位,指定一个正值或0,默认值为100;"Capacitive reactive power Qc(negative var)"为容性无功功率Qc,以var为单位,指定一个正值或0,默认值为100;勾选"Set the initial inductor current"设置初始电流值;勾选"Set the initial capacitor voltage"设置初始电压值;选择"Measurements"来确定是否需要测量支路电压、电流值;在Load Flow界面中,"Load type"为负载类型,包括constant Z恒定阻抗、constant PQ恒定功率、constant I恒定电流。

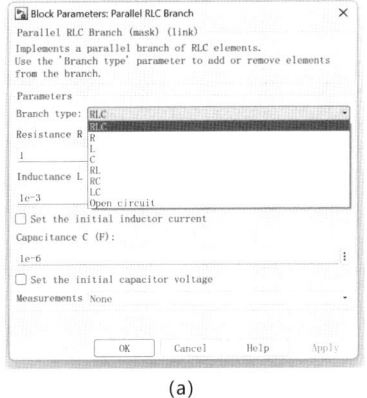

(a)

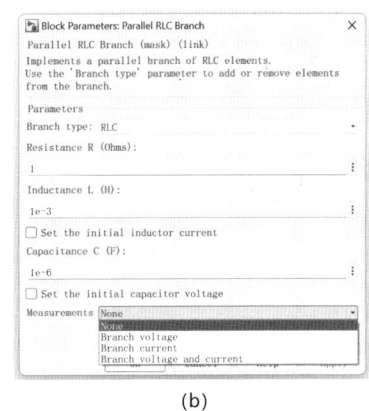

(b)

(c)

(d)

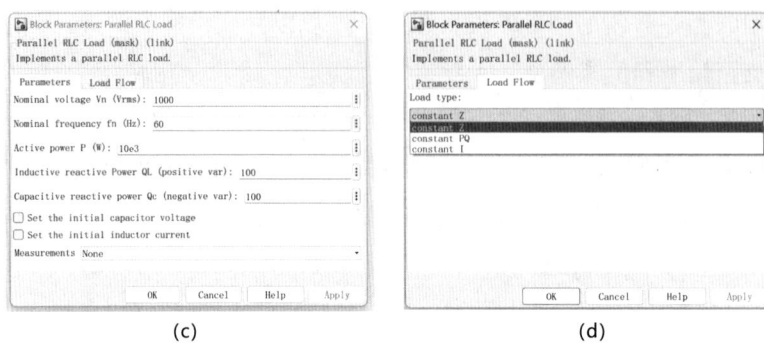

图 3.2.24　RLC 参数设置

三相RLC模型与单相的参数设置大致相同，增加了参数“Configuration”来设置三相线路的连接方式，如图3.2.25（b）所示。默认选择Y(grounded)表示星形接线，中性点直接接地；选择Y(floating)表示星形接线，中性点不接地；选择Y(neutral)表示星形接线，中性点可单独连接；选择Delta表示三角形接线。

(a)

(b)

(c)

(d)

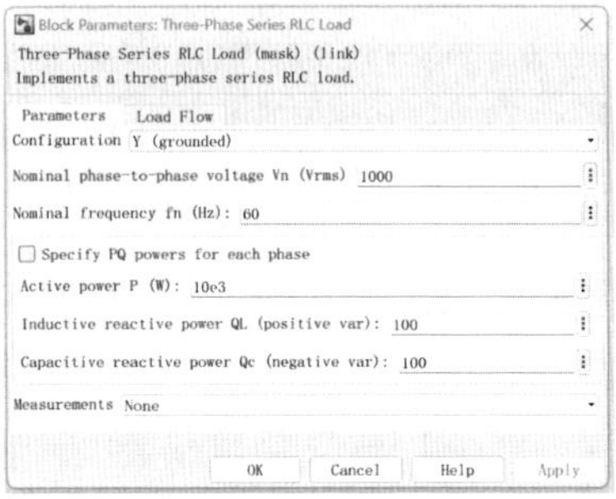

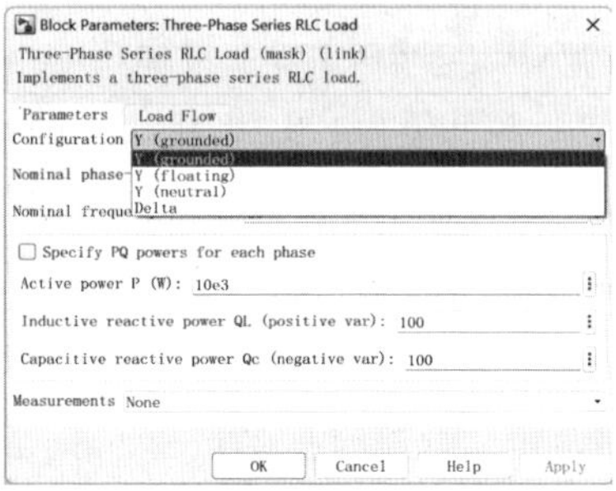

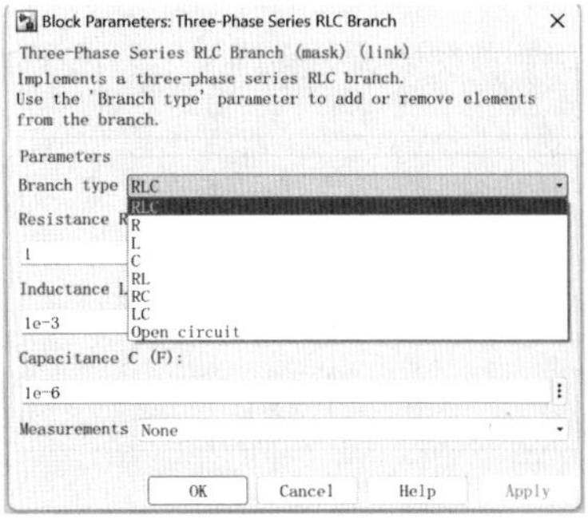

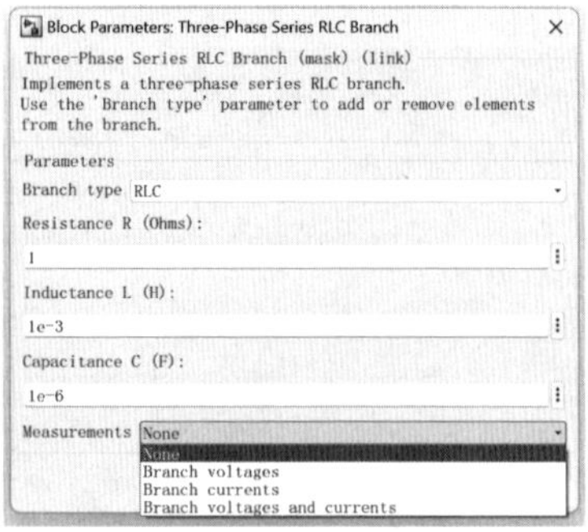

图 3.2.25　三相 RLC 参数设置

3. 理想开关

图3.2.26为有源配电网建模所用的理想开关（Ideal Switch）模型，可由外部信号 g控制开关通断。开关由门信号与串联 RC缓冲电路并联构成。在导通状态下，Switch模型有一个内阻（Ron）。在非 d导通状态下，内阻无穷大。提取路径如下：

Simscape/Power System/Specialized Technology/Fundamental Blocks/Power electronics

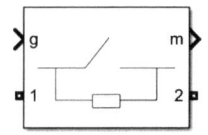

图 3.2.26 理想开关模型

理想开关参数设置界面如图3.2.27所示。参数“Internal resistance Ron (Ohms)”为开关内阻，单位为欧姆，默认值是0.001，不能设置为0；参数“Initial state （0 for ‘open’1 for ‘closed’)”为开关初始状态，0代表断开，1代表闭合；参数“Snubber resistance Rs (Ohms)”为开关缓冲电阻，单位为欧姆，默认值为1e5，可以设置为 inf；参数“Snubber capacitance Cs (F)”为开关缓冲电容，单位为法拉（F），默认值为 inf，将缓冲器

Block Parameters: Ideal Switch

Ideal Switch (mask) (link)

Switch controlled by a gate signal in parallel with a series RC snubber circuit.
In on-state the Switch model has an internal resistance (Ron).
In off-state this internal resistance is infinite.
The internal resistance must be greater than zero.
The switch model is on-state when the gate signal (g) is set to 1.

Parameters

Internal resistance Ron (Ohms) :

0.001

Initial state (0 for 'open', 1 for 'closed') :

0

Snubber resistance Rs (Ohms) :

1e5

Snubber capacitance Cs (F) :

inf

Show measurement port

OK Cancel Help Apply

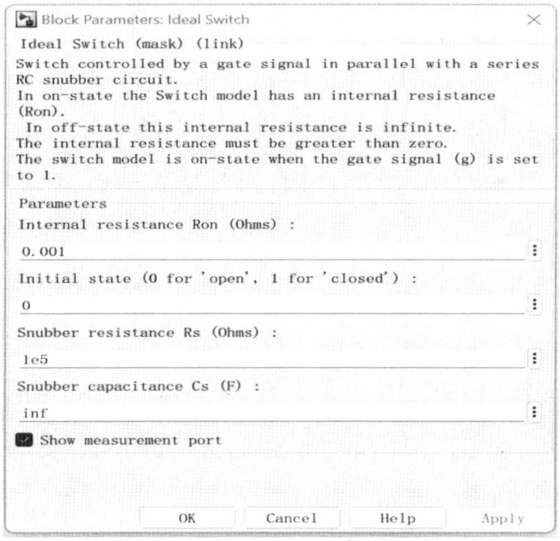

图 3.2.27 理想开关模型参数设置

电容参数设置为0以消除缓冲器；参数"Show measurement port"代表显示测量端口，可以输出开关的电流和电压。

4.三相断路器

图3.2.28为三相断路器模型。该模型可由外部信号或内部控制定时器来控制通断。如果设置为外部控制模式，则模型图标中将显示控制输入，0实现断开，1实现闭合。如果三相断路器模型设置为内部控制模式，则在模型的对话框中指定开关时间。三个独立的断路器由相同的信号控制。提取路径如下：

Simscape/Power System/Specialized Technology/Fundamental Blocks/Elements

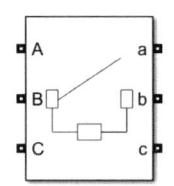

图3.2.28 三相断路器模型

三相断路器模型参数设置如图3.2.29所示。参数"Initial status"表示断路器的初始状态，三个断路器的初始状态相同。参数"Phase A、Phase B、Phase C"表示ABC三相，如果选中，则激活该相；如果不选择，则该相始终保持初始状态，默认全都选中。参数"Switching times(s)"为在内部控制模式下的开关动作时间，根据其初始状态断开或闭合。当勾选"External"时则切换为外部控制模式，由外部信号来控制。参数"Breakers resistance Ron（Ohm）"为断路器内阻，单位为欧姆，默认值为0.01，需大于0。参数"Snubber resistance Rs（Ohm）"为缓冲电阻，单位为欧姆，设置为inf可以消除模型中的缓冲器。参数"Snubber capacitance Cs（F）"为缓冲电容，单位为法拉，设置为0可以消除缓冲器。参数"Measurements"可以选测量断路器电压（Break voltages）、电流（Break currents）或者同时测量（Break voltages and currents），默认为不需要测量（None）。

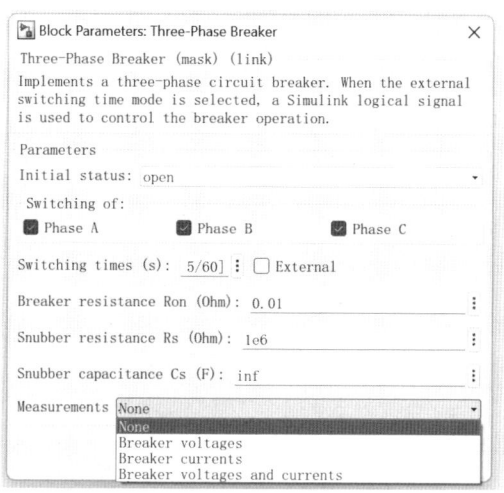

图 3.2.29　三相断路器参数设置

5. IBGT 模型

图 3.2.30 为绝缘栅双极型晶体管（IGBT）模型，主要用于能源转换和传输，是由门信号控制的半导体器件。IGBT 模型主要由电阻（Ron）、电感（Lon）、直流电压源（Vf）与由逻辑信号控制的开关串联组成。提取路径如下：

Simscape/Power System/Specialized Technology/Fundamental Blocks/Power electronics

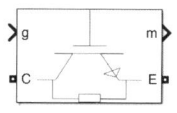

图 3.2.30　IGBT 模型

IGBT 模型参数设置如图 3.2.31 所示。参数"Resistance Ron (Ohms)"表示模型等效内阻，单位为欧姆，默认值为 0.001。当电感 Lon 参数设置为 0 时，电阻不能设置为 0。参数"Inductance Lon (H)"表示模型等效电感，单位为亨利，默认值为 0，电感 Lon 参数通常设置 0。参数"Forward voltage Vf(V)"为 IGBT 模型正向导通压降，单位为伏特，默认值为 1。参数"Initial current Ic (A)"为 IGBT 流过的初始电流，默

43

认值为0。参数"Snubber resistance Rs(Ohms)"为缓冲电阻，单位为欧姆，设置为inf可以消除模型中的缓冲器。参数"Snubber capacitance Cs(F)"为缓冲电容，单位为法拉，设置为0可以消除缓冲器。勾选"Show measurement port"后可以测试流过IGBT模型的电流和电压。

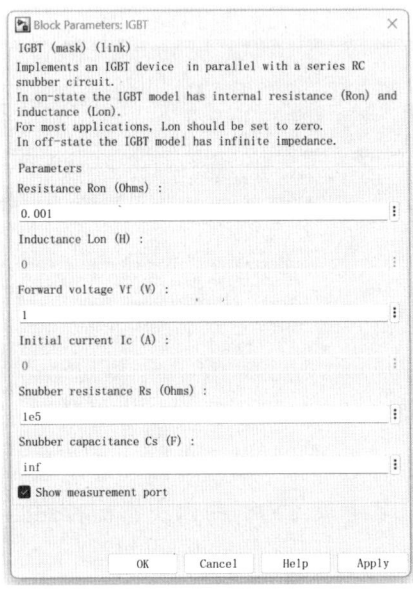

图 3.2.31　IGBT 模型参数设置

6. 整流桥

图3.2.32为整流桥（Universal Bridge）模型，该模型实现了选定电力电子器件的桥接。提取路径如下：

Simscape/Power Systems/Specialized Technology/Fundamental Blocks/Power Electronics

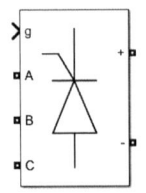

图 3.2.32　整流桥模型

3 有源配电网仿真模型

整流桥模型参数设置如图3.2.33所示。参数"Number of bridge arms"为整流桥桥臂数量，常用的为三相整流桥，设置为3（包含6个开关设备）。参数"Snubber resistance Rs(Ohms)"为缓冲电阻，单位为欧姆，设置为inf可以消除模型中的缓冲器。参数"Snubber capacitance Cs(F)"为缓冲电容，单位为法拉，设置为0可以消除缓冲器。参数"Power electronic device"为整流桥中的电力电子开关管设备类型，Diodes为二极管，Thyristors为晶闸管，IGBT/Diodes为IGBT与反向二极管并联，Switching-function based VSC可将整流桥模块用交流侧电压源和直流侧电流源等效替代，上述类型均基于外部脉冲信号控制整流器运行；当选择Average-model based VSC时，代表用平均值模型代替开关模型，此时外部输入不再是脉冲信号而是平均电压参考信号，无高频谐波分量，可以增加采样时间间隔。参数"Ron(Ohms)"表示开关器件内阻，单位为欧姆，默认值是1e-3。参数"Lon(H)"表示二极管或晶闸管器件的内部电感，单位为亨利，默认值为0。只有选择此设备为二极管或晶闸管时，参数"Forward voltage Vf(V)"才可以使用，表示导通时的正向压降电压，单位为伏特，默认值为0。

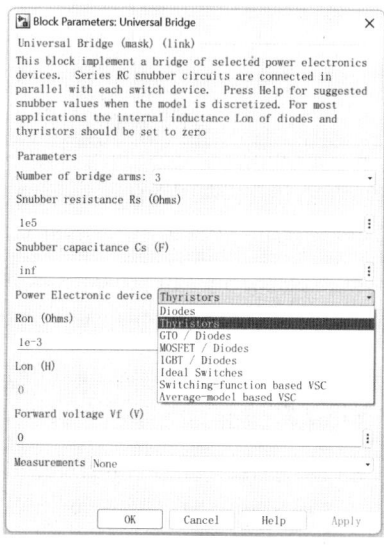

图 3.2.33　整流桥模型参数设置

45

3.3 有源配电网模型

3.3.1 电源模型

电源模型主要包括同步电机模型、光伏模型、风机模型等。

1.同步电机模型

如图3.3.1为同步电机模型,是集旋转与静止、电磁变化与机械运动于一体,实现电能与机械能变换的元件,动态性能十分复杂。提取路径如下:

Simscape/Power System/Specialized Technology/Fundamental Blocks/Machines

输入端口"Pm"代表输入机械功率,单位是瓦。在发电模式下,可以是一个正常数、函数或原动机块的输出。输入端口"Vfl"为励磁电压,由电压调节器提供。输出端口"m"是包含测量信号的矢量(包括定子电压、定子电流、阻尼器绕组电流、转子速度、电磁转矩等)。输出端口"ABC"为同步电机输出的三相电压。

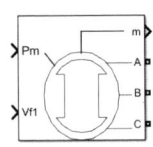

图 3.3.1 同步电机模型

同步电机模型参数设置如图3.3.2所示。在图3.3.2(a)中,参数"Mechanical input"可以选择轴的机械功率(Mechanical Power Pm)、转子速度(Rotor Speed)或旋转机械端口(Rotational Mechanical Port)作为电机的输入。参数"Rotor type"用于设置转子类型。在图3.3.2(b)中,参数"Nominal power, line-to-line voltage, frequency [Pn(VA) Vn(Vrms) fn(Hz)]"为三相额定视在功率Pn(VA)、线电压Vn(V)、频率fn(Hz)。参数"Stator resistance Rs (pu)"为定子内阻。参数"Inertia coefficient, friction factor, pole pairs [H(s) F(pu) p()]"为惯性系数、摩擦系数和极对数(通常设置为2)。参数"Initial conditions [dw(%) th(deg) ia,ib,ic(pu) pha,phb,phc(deg)

Vf(pu)]"为初始转速偏差,转子电角度,输出电流大小 ia、ib、ic 和相角角度 pha、phb、phc,以及初始励磁电压 Vf,默认值为[0 0 0 0 0 0 0 0 1],可以使用 Powergui 的初始化工具自动计算。

在图 3.3.2(c)中,参数"Sample time"为模型采样时间,设置为 -1(默认值)则与 Powergui 中采样时间一致。当 Powergui 的求解器类型参数设置为离散时,"Discrete,solvermodel"的选项有 Trapezoidal non iterative(梯形非迭代)和 Trapezoidal iterative(alg.loop)(梯形迭伐)。在图 3.3.2(d)中,参数"Generator type"为发电机类型,选择 PV(默认)控制输出有功功率 P 和电压大小 V;选择 P/Q 对输出有功功率 P 和无功功率 Q 进行控制;选择"swing"控制其终端电压的幅值和相角。参数"Active power generation P(W)"指定发电机的有功功率,以瓦为单位。当选择"发电机类型"为"PV"或"PQ"时,此参数有效,默认值为0。当"发电机类型"选择"PV"时,参数"Minimum reactive power Qmin (var)"和"Maximum reactive power Qmax (var)"生效表示终端电压保持在参考值时,机器能产生的最小无功功率和最大无功功率。

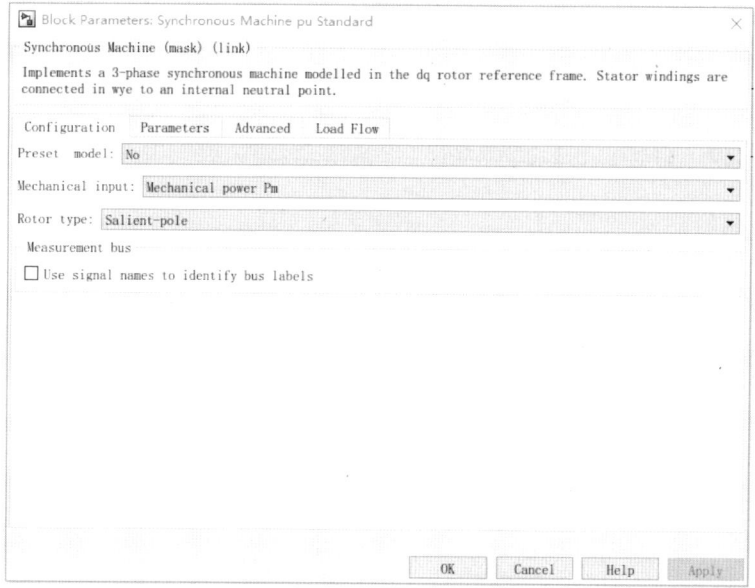

(a)

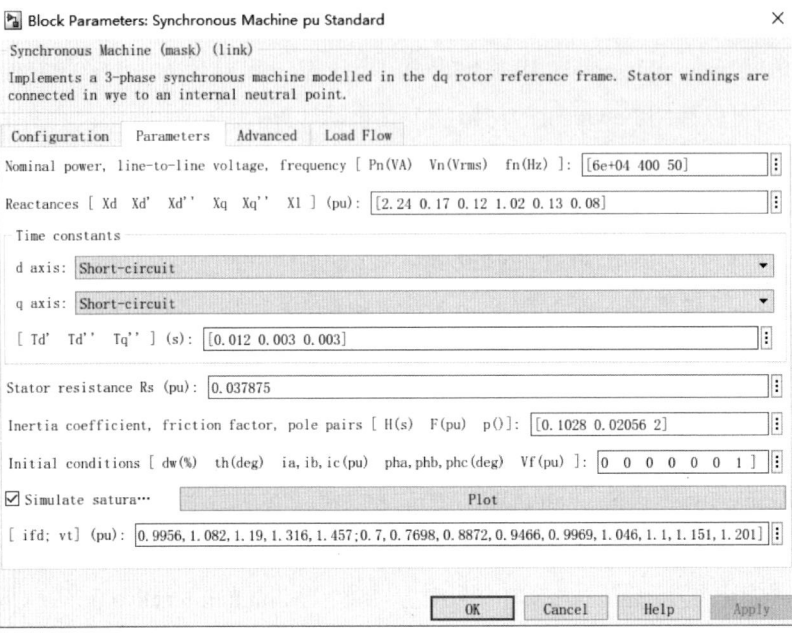

(b)

(c)

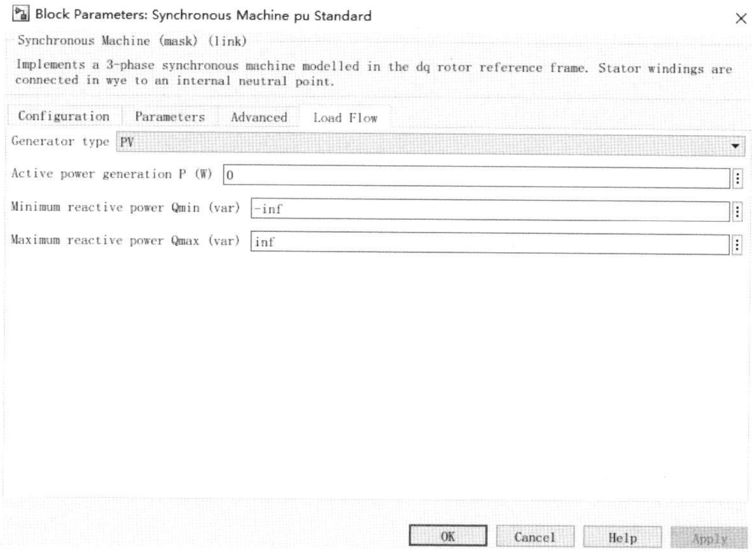

(d)

图 3.3.2　同步电机参数设置

同步电机仿真案例（图 3.3.3）演示的是同步机模型在电机模式下的使用。仿真模型由同步电机（112kW，762V）连接到电网中。电机初始化输出功率为 −50kW（电机模式为负值），对应的机械功率为 −48.9kW。机械功率和磁场电压的对应值由 P_m 和 V_f 常数指定。V_f 值恒定在 17.888V，P_m 在时间 $t=0.1$s 时突然将机械功率从 −48.9kW 增加到 −60kW。

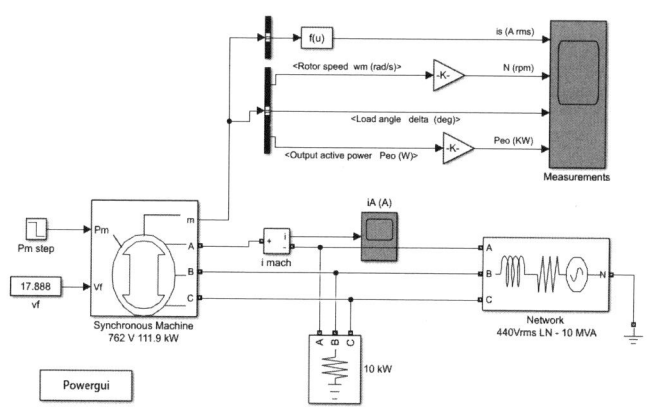

图 3.3.3　同步电机仿真案例

各模型参数设置如下。

如图3.3.4所示，同步电机模型参数设置如下：选择输入为Pm；转子类型选择为Salient-pole；视在功率、相电压、频率设置为111.9e3W、440×sqrt(3)V、60Hz；定子电阻、电感（Ll、Lmd、Lmq）设置为260e-3H、1.14e-3H、13.7e-3H、11.0e-3H；发电机类型为PV；发电有功功率为-50000W。

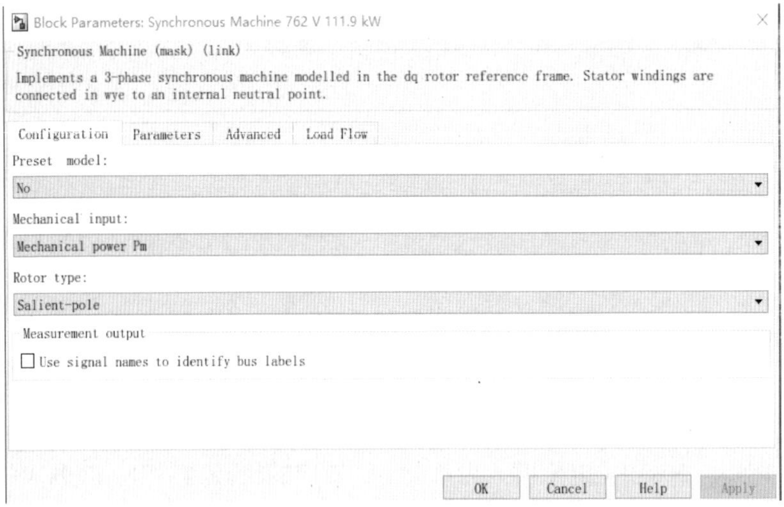

(a)

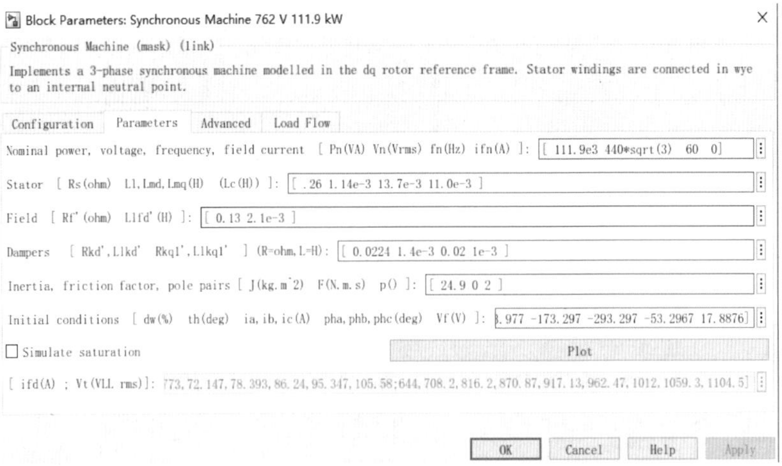

(b)

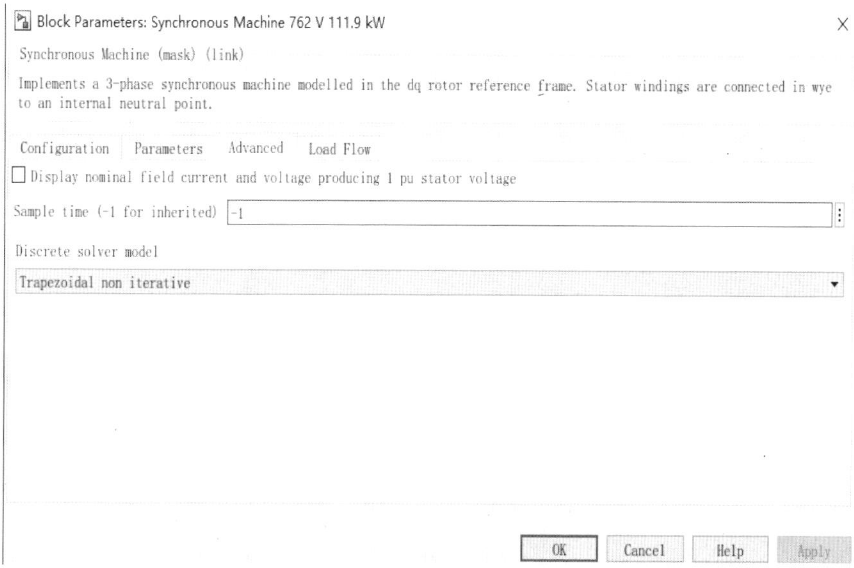

3 有源配电网仿真模型

(c)

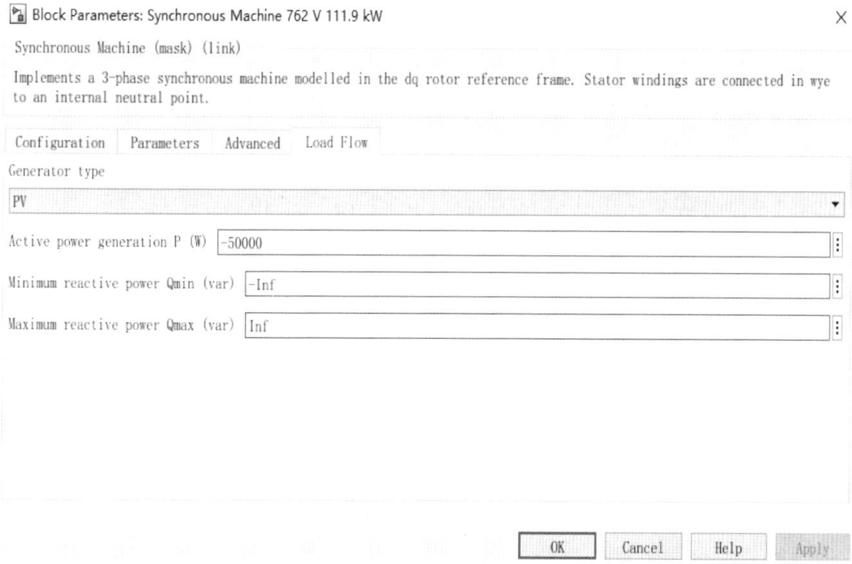

(d)

图 3.3.4 同步电机参数设置

如图 3.3.5 所示，负载模型参数设置如下：相电压设置为 762V，频率为 60Hz，有功功率设置为 10000W。

51

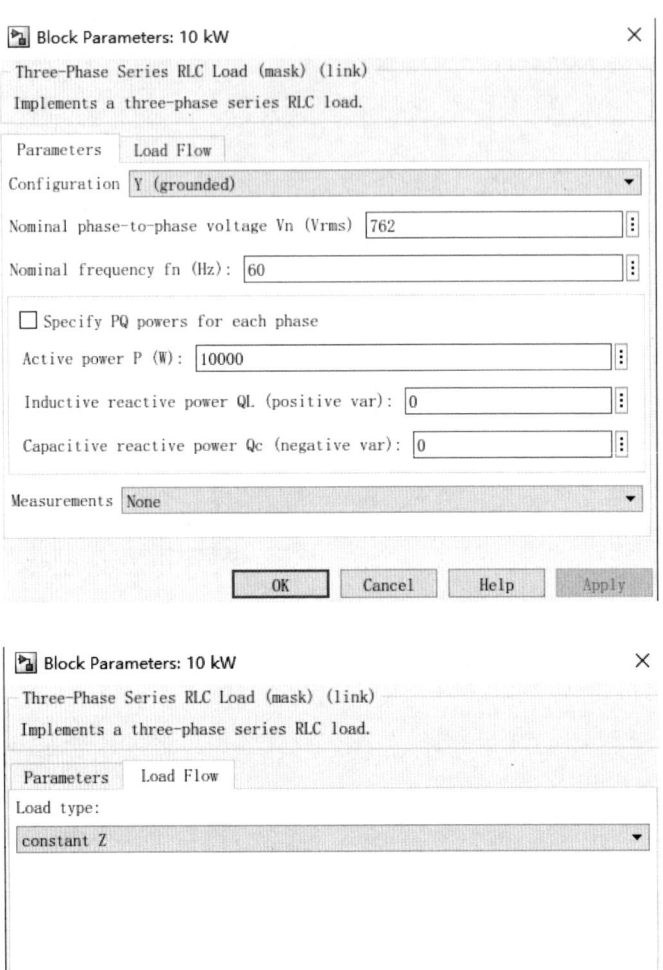

图 3.3.5 负载参数设置

如图3.3.6所示,三相电源模型参数设置如下:电压为762.1V,频率为60Hz,潮流计算界面类型为swing。

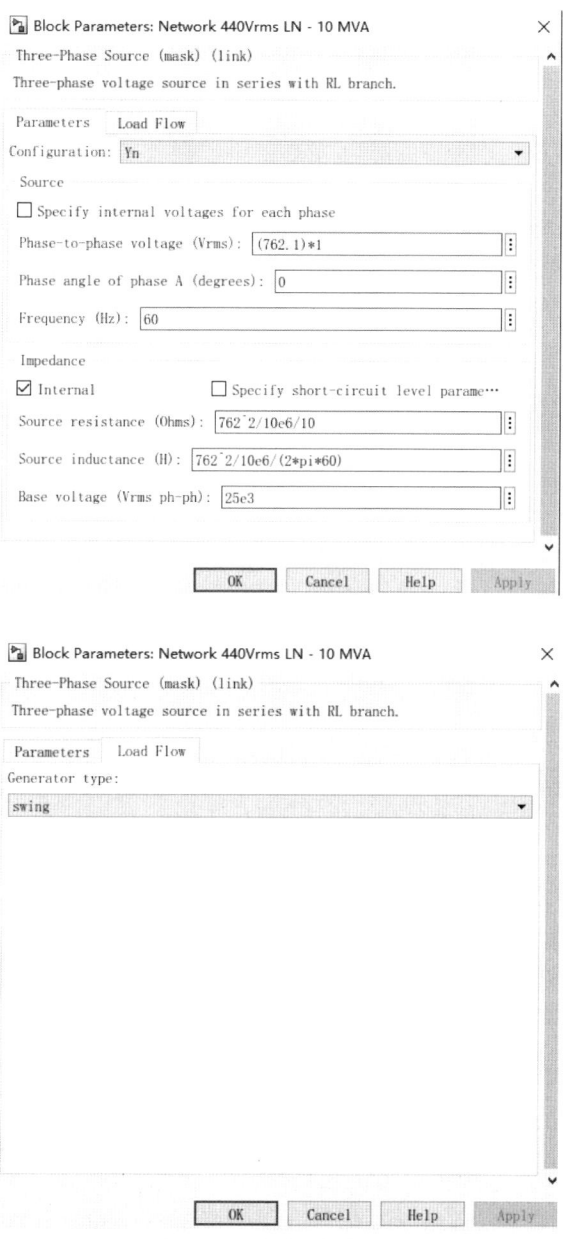

图 3.3.6 三相电源参数设置

仿真时间为3s,仿真结果如图3.3.7所示,当 t=0.1s负载从48.9kW增加到60kW后,机器转速振荡之后稳定到1800r/min,负载角(端子电压与内部电压的夹角）由 –21°改变到 –26°，电机发电功率振荡后稳定在60kW。

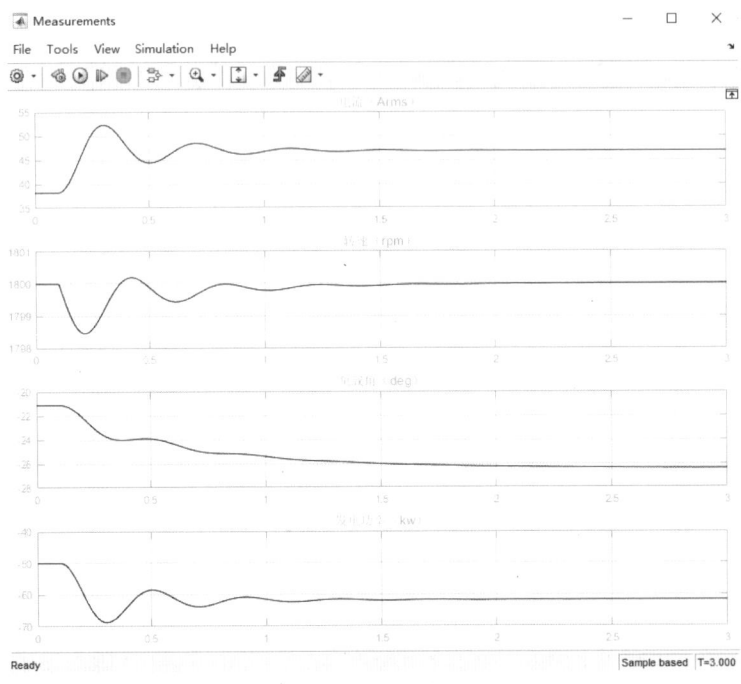

图3.3.7　仿真波形结果

2. 光伏模型

光伏发电具有安全可靠、无噪声、无污染排放等特性，是电网的主要可再生能源之一。光伏发电的原理是将太阳光转换为直流电，再通过逆变器将电能转换为交流电。如图3.3.8所示，光伏仿真模型主要包括光伏电池、变流器和控制系统三部分。

图3.3.8中，子系统1为控制模块，采用MPPT（最大功率跟踪）策略。输入参数为MPPT控制开关、网侧电压、网侧电流、光伏板输出电压/电流，输出为PWM脉冲信号，用于控制整流桥。子系统2为光伏电池，输入参数为辐照度和温度，输出为直流电压，经整流后转换为交流电。子系统3为变流器电路，包括整流桥、LCL滤波器和隔离变压器，整流桥由控制模块控制。子系统4为输出功率计算模型。

3 有源配电网仿真模型

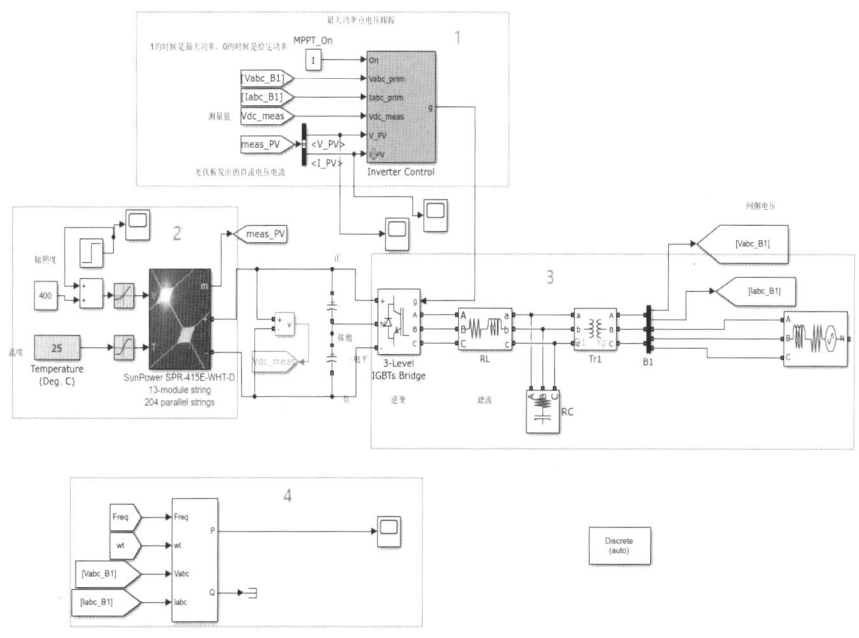

图 3.3.8 光伏模型

图 3.3.9 为光伏控制系统（Inverter Control）参数设置，参数"Power (VA)"是光伏电源额定功率，单位为 W。参数"Frequency (Hz)"为基频，默认 50Hz。参数"Primary voltage (Vrms LL)"是高压侧交流电压；参数"Secondary voltage(Vrms LL)"为低压侧交流电压；参数"DC voltage (V)"为直流电压。参数"Output increment (V)"为 MPPT 扰动输出增量，默认为 0.01V。参数"Output limits [Upper Lower]"为最高、最低直流输出电压。参数"Output initial value (V)"为初始直流电压。"Dc Voltage Regulator"为 MPPT 电压外环控制器，"Proportional gain"为其比例控制参数，"Integral gain"为其积分控制参数。"Current Regulator"为 MPPT 电流内环控制器，"Proportional gain"为其比例控制参数，"Integral gain"为其积分控制参数，"Feedforward Values [Rff Lff]"为其前馈参数，默认为 [0 1]。参数"Carrier frequency"为 PWM 波的载波频率。参数"Sample Times"为仿真采样时间，默认为 5e−5s。

55

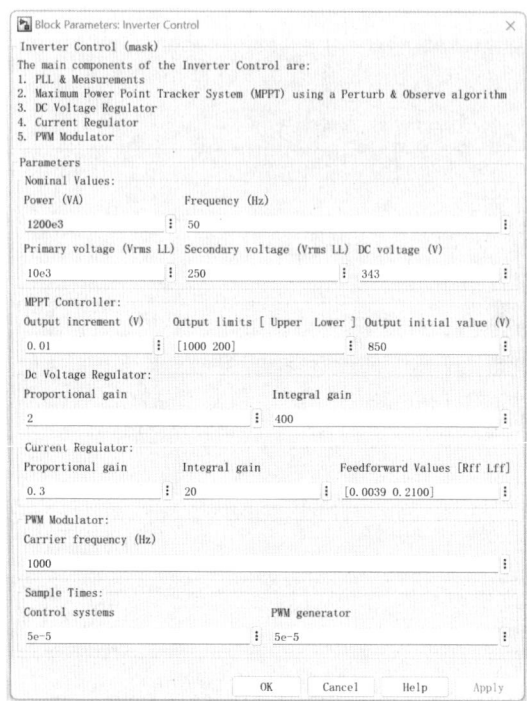

图 3.3.9 光伏控制系统（Inverter Control）参数设置

光伏电池采用的是五参数模型，使用电流源 I_L（光产生电流），二极管（I/O 和 k_B 参数），串联电阻 R_s 和分流电阻 R_{sh} 来表示模块的辐照度和温度相关的 $I\text{-}V$ 特性，原理如图 3.3.10 所示。

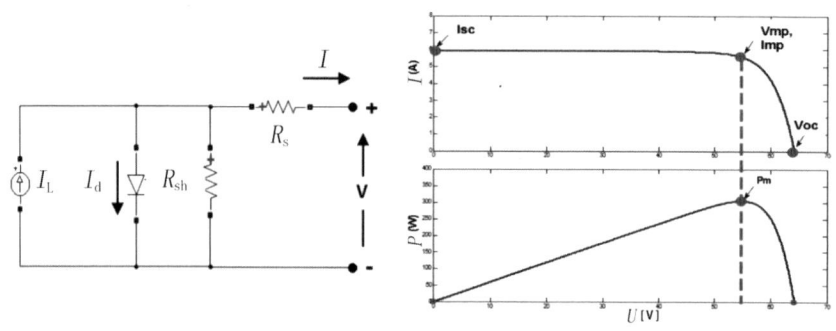

图 3.3.10 光伏电源原理

单个模块的二极管 $I\text{-}V$ 特性由以下公式定义：

3 有源配电网仿真模型

$$I_{\mathrm{d}} = I_0[\exp(\frac{V_{\mathrm{d}}}{V_{\mathrm{T}}}) - 1]$$

$$V_{\mathrm{T}} = \frac{kT}{q} \times k_{\mathrm{B}} \times N_{\mathrm{cell}}$$

式中，I_{d}为二极管电流；V_{d}为二极管电压；I_0为二极管饱和电流；k_{B}为玻尔兹曼常数；k为电子电荷；T为电池温度；N_{cell}为模块中串联的单元数。

光伏电源参数设置如图3.3.11所示。其中参数"Parallel strings"为光伏阵列并联模块数，默认值为40；参数"Series-connected modules per string"为每串光伏模组串联数量，默认值为10。参数"Module"可以在模型数据库中选择用户自定义或预置光伏模组型号，默认为1Soltech 1STH-215-P。参数"Maximum Power(W)"是该型号光伏模组最大输出功率。参数"Cells per module (N_{cell})"是每个光伏模组的光伏单体数量，默认为60。参数"Open circuit voltage Voc (V)"是光伏模组开路电压，默认值为36.3V。参数"Short-circuit current Isc (A)"是光伏模组短路电流，默认值为7.84A。参数"Voltage at maximum power point Vmp (V)"为最大功率点电压，默认值为29V。参数"Current at maximum power point Imp (A)"为最大功率点电流，默认值为7.35A。参数"Temperature coefficient of Voc (%/deg.C)"为电压温度系数。参数"Temperature coefficient of Isc (%/deg.C)"为电流温度系数。

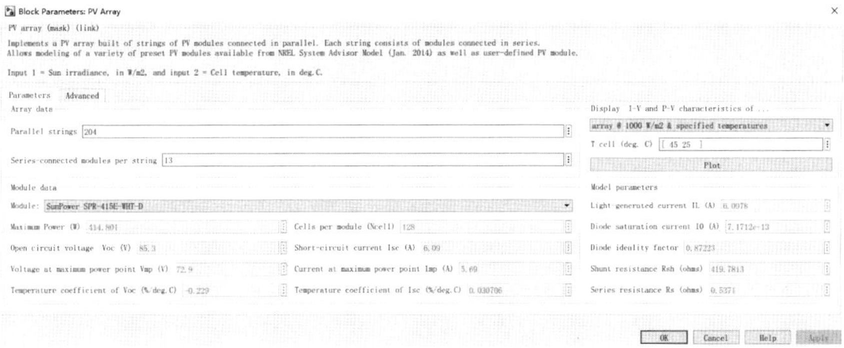

图 3.3.11 光伏电源参数设置

仿真案例：以图3.3.8模型为例进行并网仿真。并网电压为10kV，初始辐照度为400W/m^2，光照温度为25℃。在15s后将辐照度升为1000W/m^{2}来模拟光照变化，分别对MPPT打开和关闭状态进行仿真，并观察光伏直流电压和模型输出功率的变化。

各模块详细参数如下。

光伏电源的并联模块数为204，并联的串联模块数为13，Advanced界面选择打破模型内部代数循环，Module选择SunPower-SPR-415E-WHT-D，该模式下的各参数如图3.3.12所示。

(a)

(b)

图3.3.12 光伏电源参数设置

如图3.3.13所示，控制系统中额定功率为1200e3W，基频为50Hz。MPPT扰动输出增量为0.01V，最高输出电压为1000V，最低输出电压为200V，光伏初始输出电压为850V。MPPT电压外环控制器的比例1积分参数分别为2和400，电流内环控制器的比例/积分参数分别为0.3和20，前馈参数为［0.0039 0.2100］。载波频率为1000Hz，采样时间为5e-5s。

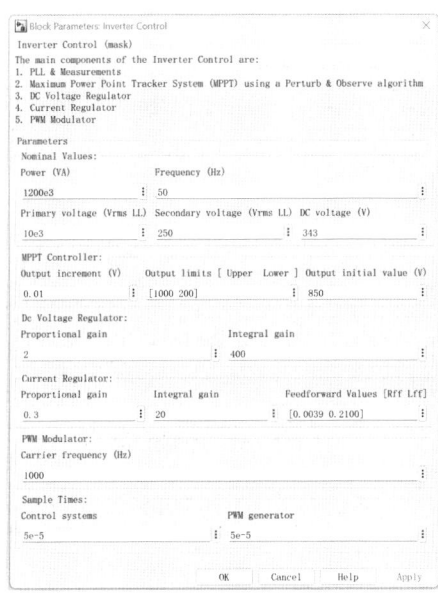

图 3.3.13　控制系统参数设置

如图3.3.14所示，变压器的视在功率为1200e3V，基频为50Hz，一次侧电压、电阻、电感分别为10e3V、0.0012pu、0.03pu；二次侧电压、电阻、电感设置为380V、0.0012pu、0.03pu。

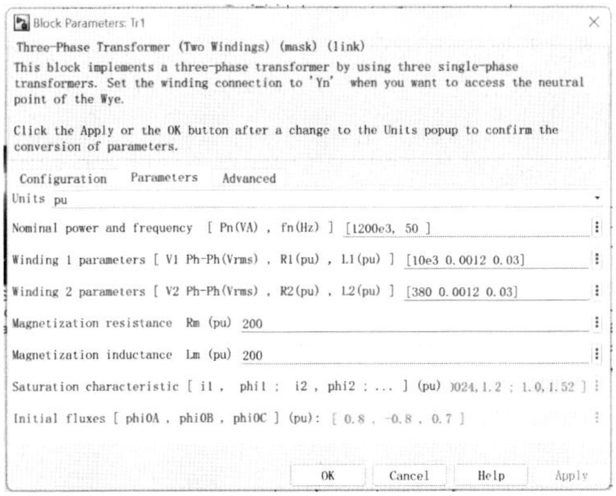

图 3.3.14　变压器参数设置

59

如图3.3.15所示，LCL滤波器中RC模块的相电压为178V，基频为50Hz，有功功率为500W，容性无功功率为25e3W。RL模块的电阻值为0.0005Ω，电感为0.0002H。

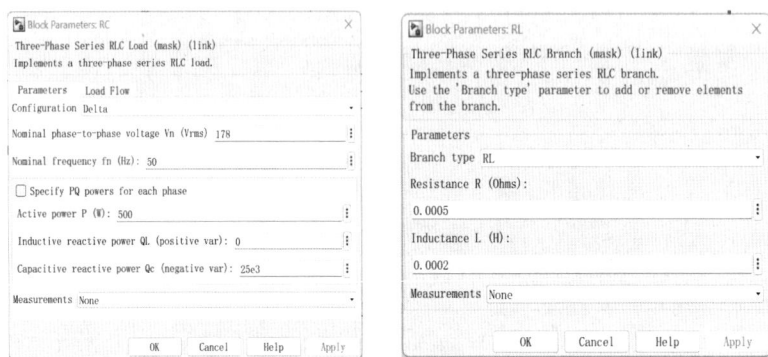

图 3.3.15　LCL 滤波参数设置

如图3.3.16所示，整流桥电阻值为1e6Ω，电容值为inf，内阻为1e-3Ω。

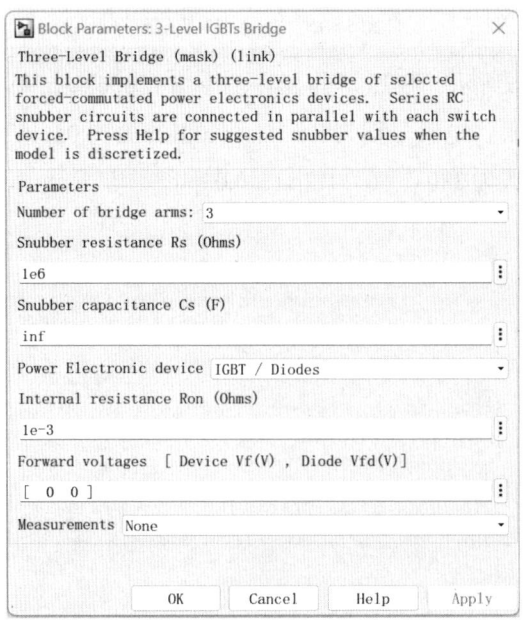

图 3.3.16　整流桥参数设置

3 有源配电网仿真模型

如图3.3.17所示，三相电源电压为10e3V，基频为50Hz，内阻为0.8929Ω，内感为16.58e-3H。

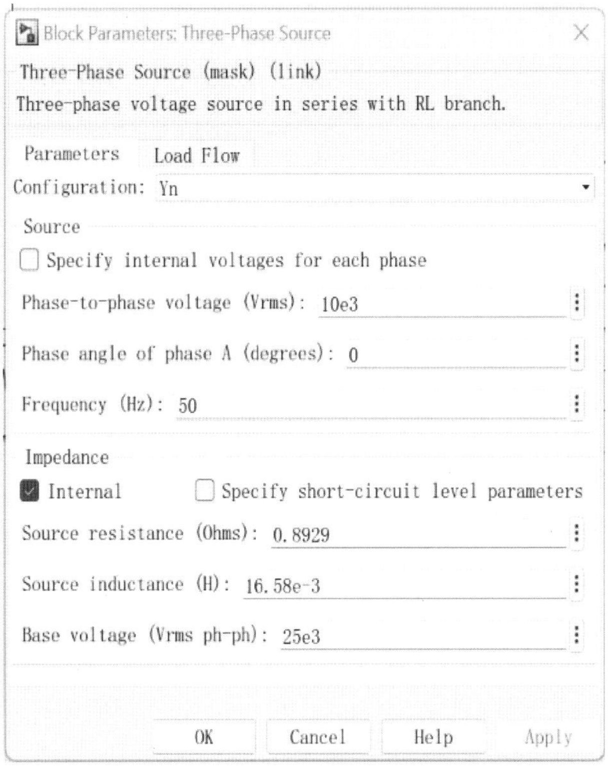

图 3.3.17 三相电源参数设置

仿真时间为50s，仿真结果如图3.3.18、图3.3.19所示。当不采用MPPT控制，而采用恒电压控制时，如图3.3.18所示，初始状态下，光伏电源电压保持在850V左右，光伏系统输出功率在400kW，15s辐照度上升到1000W/m^2后，输出功率从400kW增加到1MW，光伏电源电压保持不变。当采用MPPT控制，如图3.3.19所示，光伏电源电压由初始850V上升至940V，此时光伏系统输出功率约为420kW；15s辐照度上升，光伏电源电压相应调节，增加至950V，此时光伏系统输出功率增加至1.07MW，大于采用恒电压控制时的输出功率，可得MPPT控制的有效性。

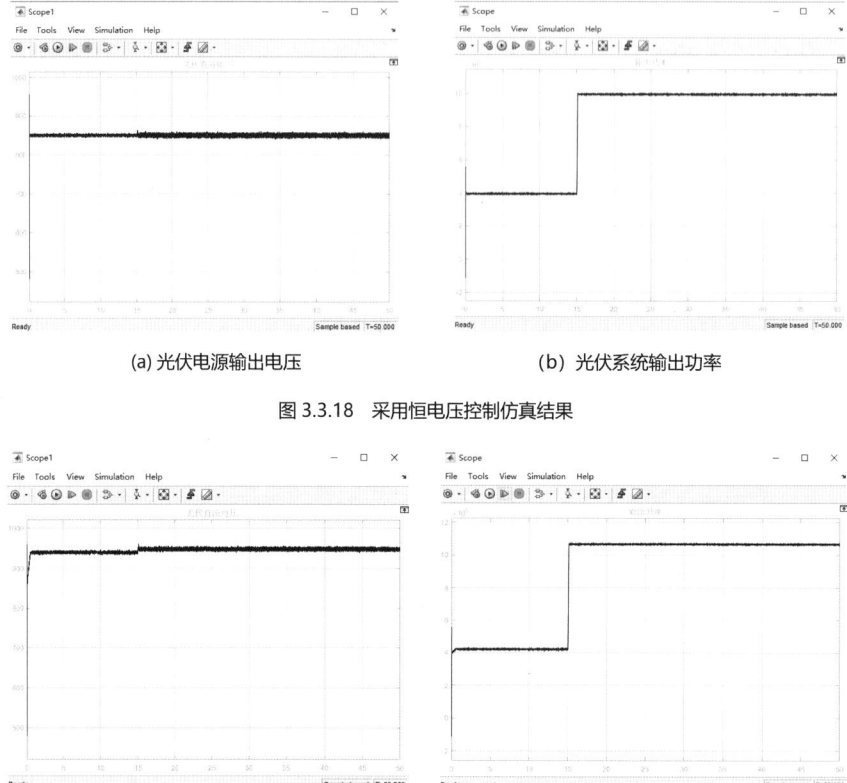

(a) 光伏电源输出电压　　　　　　(b) 光伏系统输出功率

图 3.3.18　采用恒电压控制仿真结果

(a) 光伏电源输出电压　　　　　　(b) 光伏系统输出功率

图 3.3.19　采用 MPPT 控制仿真结果

3. 风机模型

风力发电是一种可再生、清洁的能源。风力发电机的原理是利用风力带动风车叶片旋转，再通过增速机将旋转的速度提升，来促使发电机发电。如图 3.3.20 所示，风力发电机仿真模型主要包括发电机、变流器和控制系统三部分。

子系统 1 为风力发电机的齿轮箱模块。该模块的主要作用是将风的动力传递给发电机并使其得到相应的转速。该模块的输入是实时风速（Wind speed）、风机叶片桨距角（Pitch angle）、发电机转子转速（wr），输出为机械转矩（Tm），用于驱动发电机。子系统 2 为同步发电机，在风机模型中为发电机模式。子系统 3 为变流器电路，包括整流桥、LCL

滤波器和隔离变压器，整流桥由控制模块控制。子系统4为输出功率计算模块。子系统5为风机的控制模块，该模块的输入参数为发电机定转子电压电流、网侧电压电流、转子角、转子转速；该模块的输出用于控制变流器。

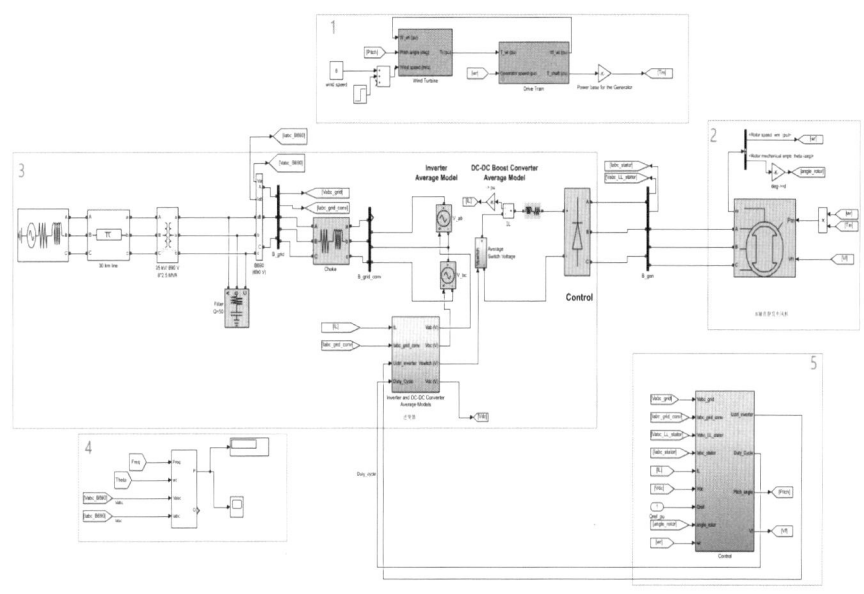

图3.3.20 风机模型

仿真案例：在风力发电过程中，随着风速实时变化，风机输出功率也会相应变化；当风速超出控制范围，即过低（低于切入风速）或者过高（高于切出风速）时，风机会停止运行。以图3.3.20所示模型进行并网仿真。并网电压为10kV，初始风速为8m/s。在100s时，将风速从8m/s上升到10m/s，观察输出功率变化。

各模型详细参数如下。

如图3.3.21，选择输入为Pm,转子类型选择为Salient-pole,视在功率、相电压、频率设置为6e+08W、690V、50Hz,定子内阻为0.037875Ω，发电机类型为PV。

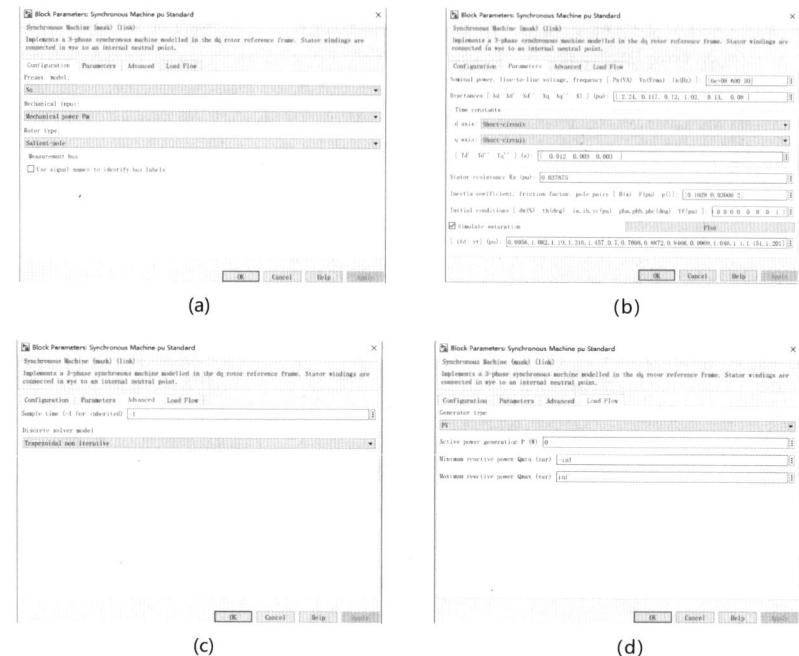

图 3.3.21 电机参数设置

如图 3.3.22 所示，变压器视在功率为 $1600 \times 2.5 \times 8e6W$，基频为 50Hz，一次侧电压、电阻、电感分别为 10e3V、$0.0085069\,\Omega$、0.00081235H；二次侧电压、电阻、电感设置为 690V、$1.1021e-06\,\Omega$、1.0524e-07H。

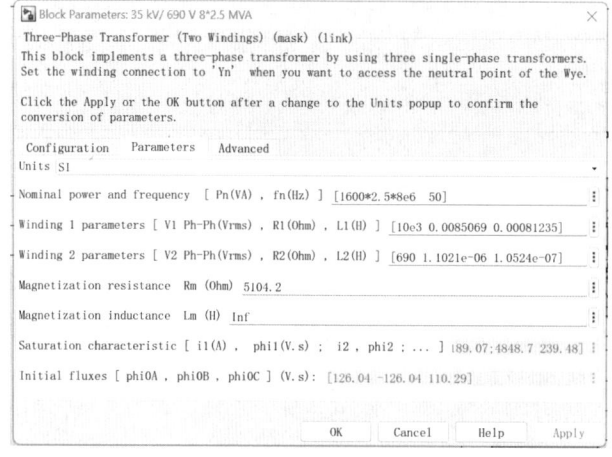

图 3.3.22 变压器参数设置

如图 3.3.23 所示，LCL 滤波器中 RC 模块的相电压为 178V，基频为 50Hz，有功功率为 500W，容性无功功率为 25e3W。RL 模块的电阻值为 0.0005Ω，电感为 0.0002H。

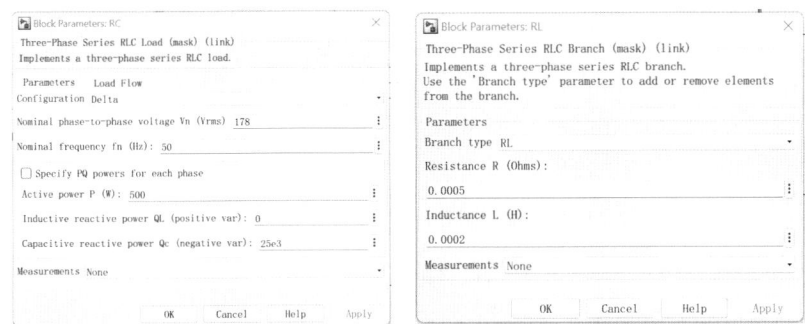

图 3.3.23　LCL 滤波器参数设置

如图 3.3.24 所示，整流桥类型为二极管（Diodes）模式，电阻值为 1e6Ω，电容值为 inf，内阻为 1e3Ω。

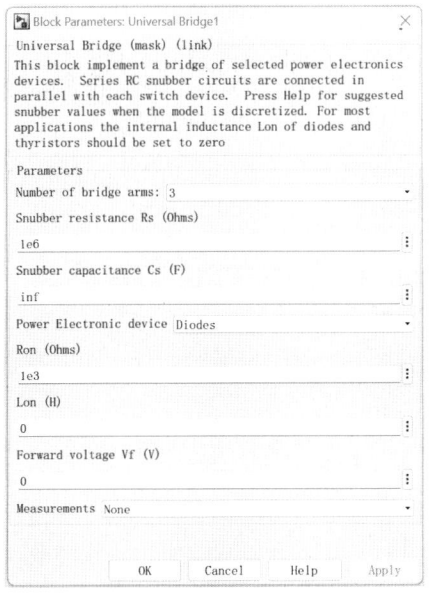

图 3.3.24　整流桥参数设置

如图 3.3.25 所示，三相电源的电压为 10e3V，基频为 50Hz，相角为

0.29434°，内阻为 0.8929Ω，内感为 16.58e-3H。

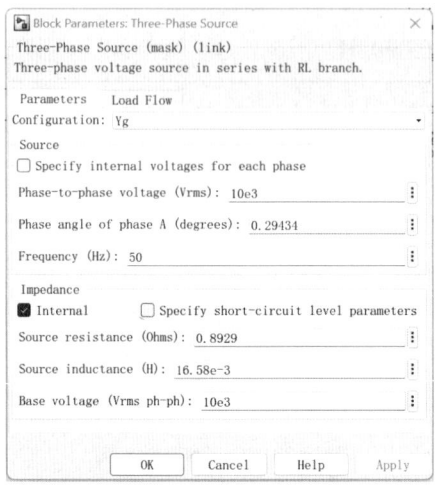

图 3.3.25　三相电源参数设置

如图 3.3.26 所示，线路的基频为 50Hz，正序、零序电阻为 0.1153Ω/km 和 0.413OΩ/km，正序、零序电感为 1.05e-3H/km 和 3.32e-3H/km，正序、零序电容为 11.33e-009F/km 和 5.01e-009F/km。

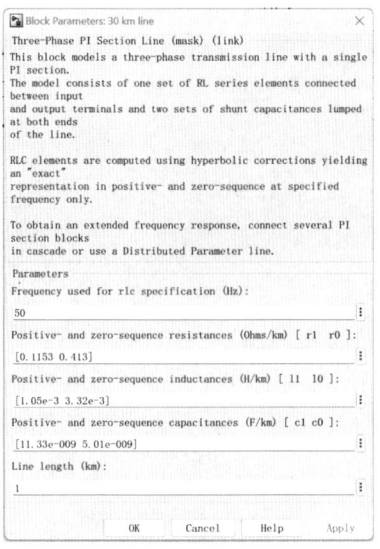

图 3.3.26　线路参数设置

仿真时间为300s，仿真结果如图3.3.27所示。前150s，输出功率振荡后从0上升并稳定在0.75MW；150s时，由于风速增加，功率上升，振荡后稳定于1MW。仿真验证了风机模型的有效性。

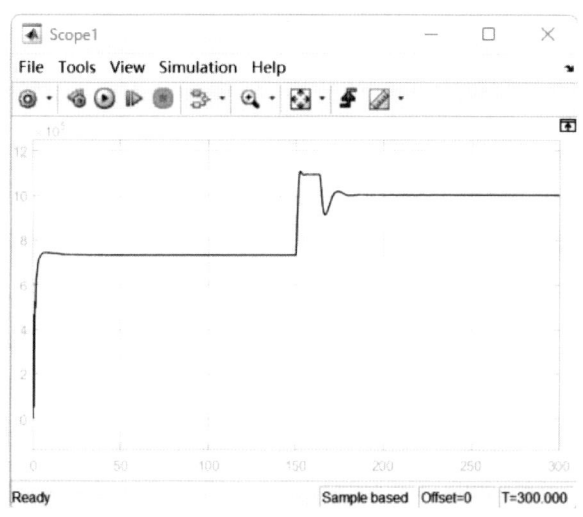

图3.3.27　风机模型输出功率

3.3.2　电网模型

电网模型主要包括变压器模型、线路模型和无功补偿模型等。

1. 变压器模型

本节介绍的三相式两绕组变压器模型，由两个绕组线圈组成，如图3.3.28所示。提取路径如下：

Simscape/Power System/Specialized Technology/Fundamental Blocks/Elements

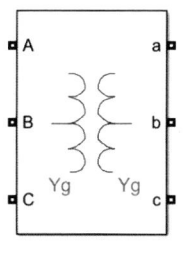

图3.3.28　变压器模型

变压器模型参数设置如图3.3.29所示。图3.3.29（a）为Configuration界面。参数"Winding 1 connection（ABC terminals）"是绕组1连接方式；参数"Winding 2 connection（ABC terminals）"是绕组2连接方式。"Type"默认选择为Three single-phase transformers,表示以三个单相变压器模型组成三相变压器；参数"Measurements"表示测量,当需要测量数据时可以选择相对应的选项，默认为不需要测量（None）。图3.3.29（b）为Parameters界面。参数"Units"表示参数单位，常选择标幺值（pu）。参数"Nominal power and frequency［Pn(VA), fn(Hz)］"表示变压器的标称额定功率和频率，单位为伏安（VA）和赫兹（Hz），默认值是［250e6,60］。参数"Winding 1 parameters［V1 Ph-Ph(Vrms),R1(pu),L1(pu)］"代表绕组1的电压、电阻和漏感，当"Units"参数为pu时，默认值为［735e3,0.002,0.08］。参数"Winding 2 parameters［V2 Ph-Ph(Vrms),R2(pu),L2(pu)］"代表绕组2的电压、电阻和漏感，当"Units"参数为pu时，默认值为［315e3，0.002，0.08］。参数"Magnetization resistance Rm (pu)"为励磁电阻。参数"Magnetization inductance Lm(pu)"为励磁电感。参数"Saturation characteristic"为饱和特性，仅当选择"Configuration"选项上的"Simulate saturation"时，此参数可用。参数"Initial fluxes［phiOA,phiOB,phiOC］(pu)"指定变压器每相的初始磁通量，仅当选择"Configuration"选项上的"Specify initial fluxes"和"Simulate saturation"时，此参数可用。

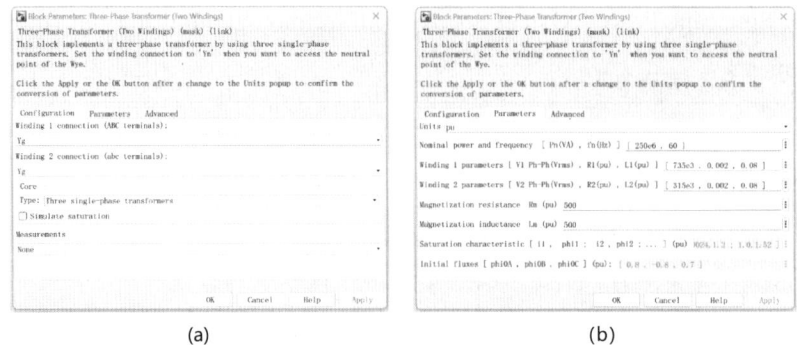

图 3.3.29　变压器模型参数设置

仿真案例：如图3.3.30所示，设置三相电源电压为10kV，展示变压器两侧电压波形。

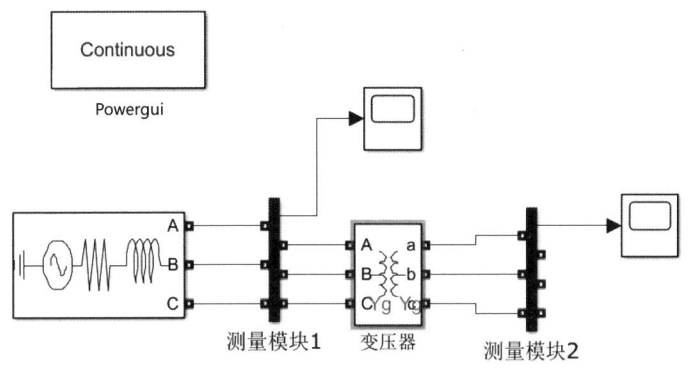

图3.3.30 变压器案例模型

三相交流电源的参数设置如图3.3.31所示，采用中性点接地方式，线电压设置为$10e^3$，频率50Hz。

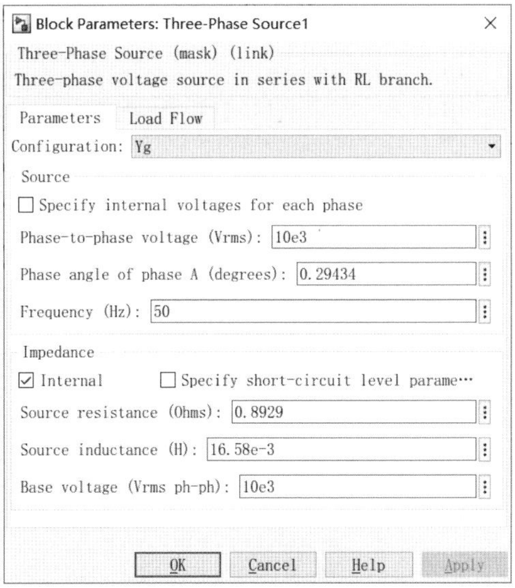

图3.3.31 三相交流电源的参数设置

变压器的参数设置如图3.3.52所示，一次侧、二次侧采用星形接线方式，中性点接地。一次侧绕组电压、电阻、电感分别为10e3V、

0.002pu、0.08pu；二次侧绕组电压、电阻、电感分别为10e3V、0.002pu、0.08pu。励磁电阻和励磁电感均为500pu。

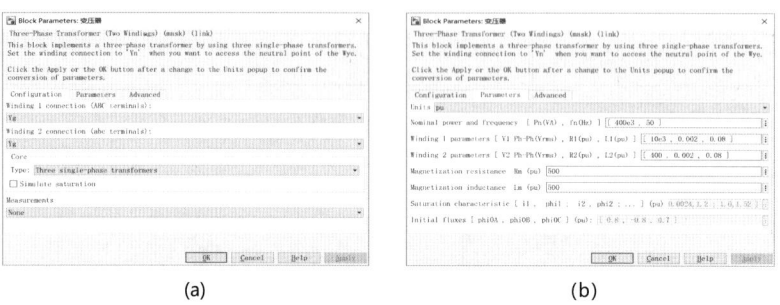

图 3.3.32　变压器参数设置

设置仿真时间为0.05s，仿真结果如图3.3.33所示，横坐标表示仿真时长，纵坐标表示电压幅值，左侧为变压器一次侧电压波形，右侧为变压器二次侧电压波形，结果与理论设定一致。

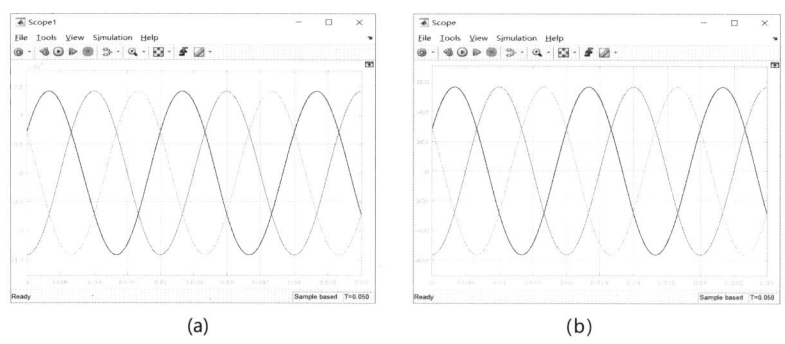

图 3.3.33　变压器波形

2. 线路模型

图3.3.34为三相PI型线路模型。提取路径如下：

Simscape/Power System/Specialized Technology/Fundamental Blocks/Elements

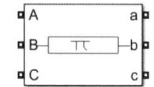

图 3.3.34　三相PI型线路模型

线路模型参数设置如图3.3.35所示。其中，参数"Frequency used for rlc specification(Hz)"为线路频率，单位为赫兹（Hz）。参数"Positive- and zero-sequence resistances (Ohms/km)［r1 r0］"为线路单位长度正序和零序电阻，单位为Ω/km，默认值为［0.01273 0.3864］。参数"Positive-and zero-sequence inductances (H/km)［l1 l0］"为线路单位长度正序电感和零序电感，单位为H/km，零序电感不能为零，默认值为［0.9337e-3 4.1264e-3］。参数"Positive-and zero-sequence capacitances (F/km)［c1 c0］"为线路单位长度正序和零序电容，单位为F/km，零序电容不能为零，默认值为［12.74e-9 7.751e-9］。参数"Line section length"为线路长度，单位为km。

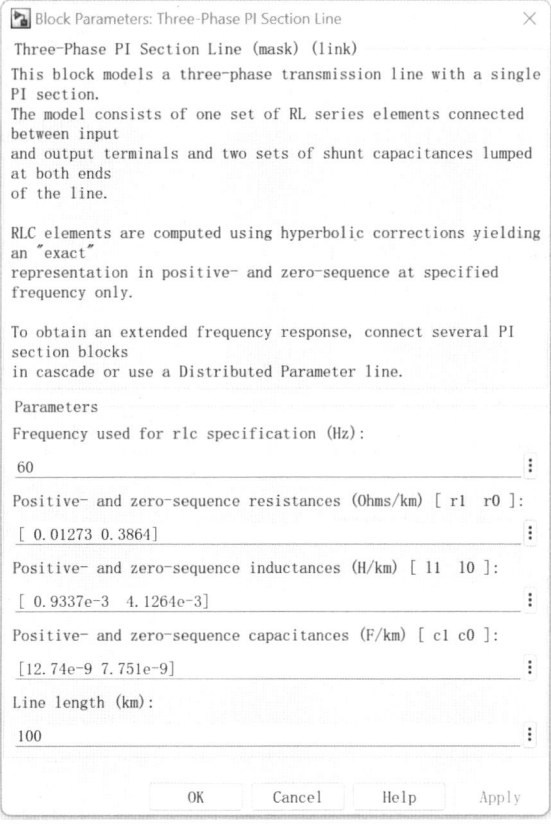

图3.3.35 三相PI型线路参数设置

71

3.无功补偿模型

无功功率的传输会增加电力系统损耗,使系统电压下降,故需对其进行就近和就地补偿。并联电容器可补偿或平衡电气设备的电感性无功功率,并联电抗器可补偿或平衡电气设备的电容性无功功率。无功补偿模型本质为RLC元件模型,根据系统功率因数需要设定电感、电容等无功补偿设备参数。

根据国家规定,高压用户的功率因数应达到0.9以上,低压用户的功率因数应达到0.85以上。通常负荷无功功率以感性为主,根据补偿后所需达到的功率因数值,计算电容器的安装容量。

案例仿真:以10kV配电网为例建立无功补偿仿真模型(图3.3.36),从上到下依次为三相电源、变压器、负荷、电容补偿器模块。假设线路长2km,用户负荷 P=3800kW、Q=2500kvar。补偿前功率因数0.83。功率因数补偿到0.95,需要补偿的无功功率为 -1250kvar,对应的补偿电容为40μF。案例中,2s时投入无功补偿,并观察功率因数值。

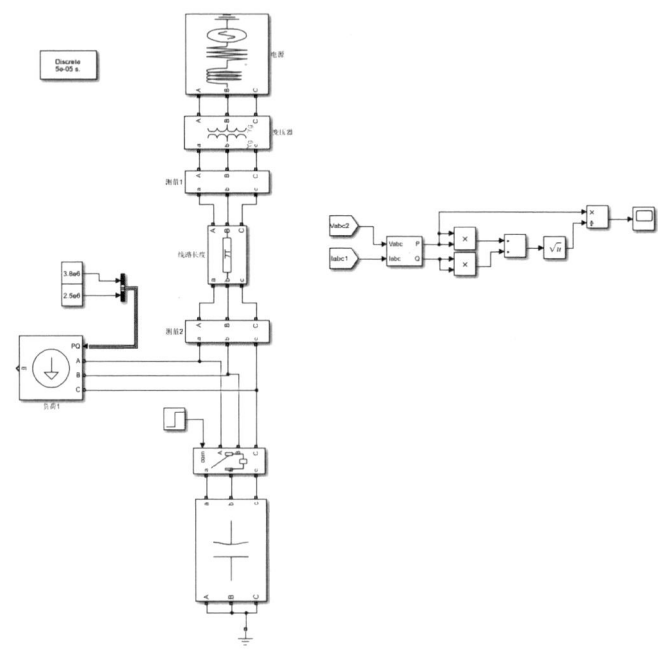

图3.3.36 无功补偿仿真模型

各模块参数设置如下。

如图3.3.37所示，三相电源电压采用星形接线方式，中性点接地，额定电压110e3V，频率为50Hz，内阻为0.9Ω，内感为16.58e-3H。

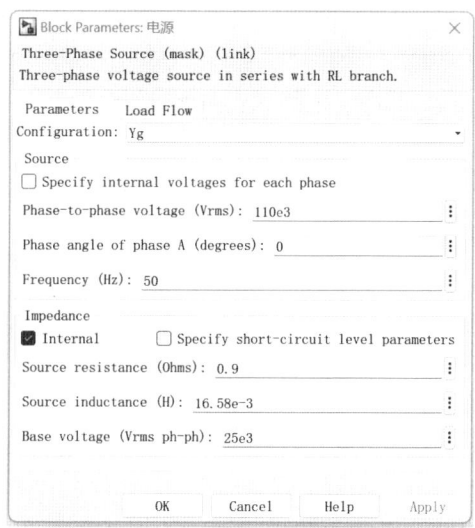

图 3.3.37　三相电源参数设置

如图3.3.38所示，变压器的额定功率为50e6V·A，频率为50Hz，一次侧电压、电阻、电感分别为110e3V、0.002pu、0.08pu；二次侧电压、电阻、电感设置为10e3V、0.002pu、0.08pu。

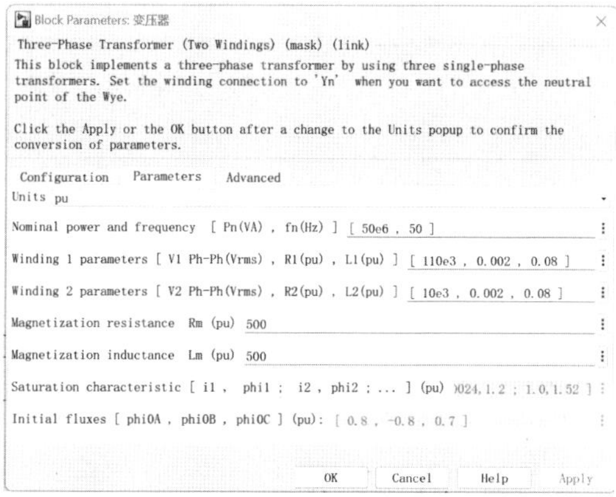

图 3.3.38　变压器参数设置

如图3.3.39所示，电容补偿器的容量为4e-5F。

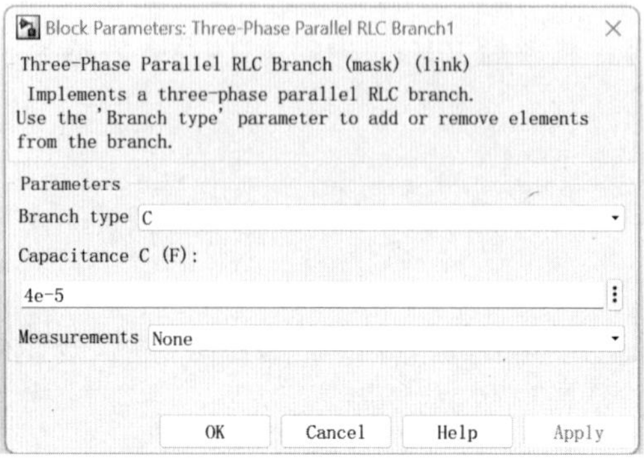

图 3.3.39　电容补偿器参数设置

如图3.3.40所示，线路频率为50Hz，正序、零序电阻为0.0794Ω/km和0.2382Ω/km，正序、零序电感为0.3e-3H/km和0.9e-3H/km，正序、零序电容为560e-9F/km和187e-9F/km，线路长度为2km。

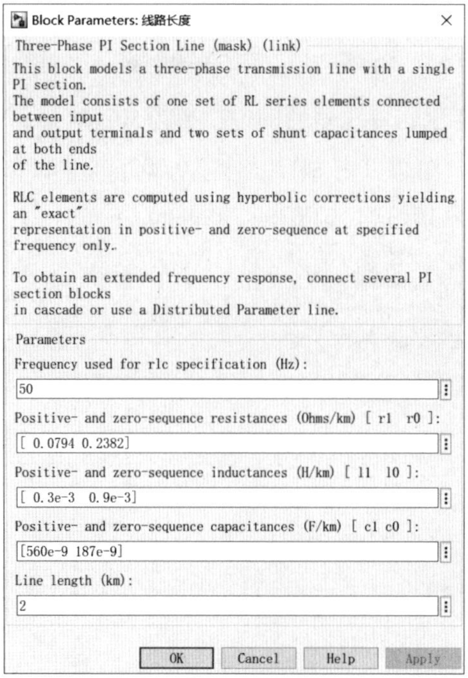

图 3.3.40　线路参数设置

仿真时间设为4s，仿真结果如图3.3.41所示。无功补偿投入前功率因数为0.83、2.1s时，无功补偿设备投入，功率因数提高到0.95，验证了电容无功补偿的有效性。

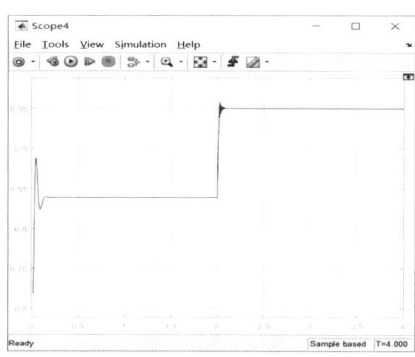

图 3.3.41　无功补偿仿真结果

3.3.3　负荷模型

图3.3.42为三相动态负荷模型。该模型可以跟踪外部数据输入，实现负荷功率的动态变化。提取路径如下：

Simscape/Power System/Specialized Technology/Fundamental Blocks/Elements

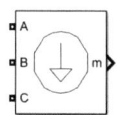

图 3.3.42　三相动态负荷模型

三相动态负荷模型的有功功率 P 和无功功率 Q 随正序电压的变化而变化，负序和零序不被模拟，因此只能模拟三相平衡负荷。如果负荷端电压低于某一规定值 $V_{\min}$，则负荷呈现恒阻抗特性。如果端电压大于 $V_{\min}$ 值，负荷有功功率 P 和无功功率 Q 的变化规律如下：

$$P(s) = P_0 \left(\frac{V}{V_0}\right)^{n_p} \frac{1+T_{P1}s}{1+T_{P2}s}$$

$$Q(s) = Q_0 \left(\frac{V}{V_0}\right)^{n_q} \frac{1+T_{q1}s}{1+T_{q2}s}$$

式中，V_0是初始正序电压；P_0和Q_0是初始电压下的初始有功功率和无功功率；V是正序电压；n_p和n_q是控制负载性质的指数（通常在1~3）；T_{p1}和T_{p2}是控制有功功率动态的时间常数；T_{q1}和T_{q2}是控制无功功率动态的时间常数。

三相动态负荷模型参数设置如图3.3.43所示。参数"Nominal L-L voltage and frequency [Vn(Vrms) fn(Hz)]"为线电压和额定频率。参数"Active and reactive power at initial voltage [Po(W) Qo(var)]"为初始有功功率与无功功率。参数"Initial positive-sequence voltage Vo [Mag(pu) Phase (deg.)]"为初始正序电压、相角，当使用潮流工具或Powergui模块的初始化工具时，该参数会使用潮流计算的值自动更新。勾选"External control of PQ"时，会出现一个标记为PQ的模块输入，支持通过外部输入有功功率和无功功率数值。参数"Time constants [Tp1 Tp2 Tq1 Tq2] (s)"指定控制有功功率和无功功率动态的时间常数，默认值均为0。参数"Minimum voltage Vmin(pu)"为指定负荷动态开始时的最小电压，负载阻抗在此值以下是恒定的，默认值是0.7。参数"Filtering time constant (s)"为滤波时间常数，默认值为1e-4。

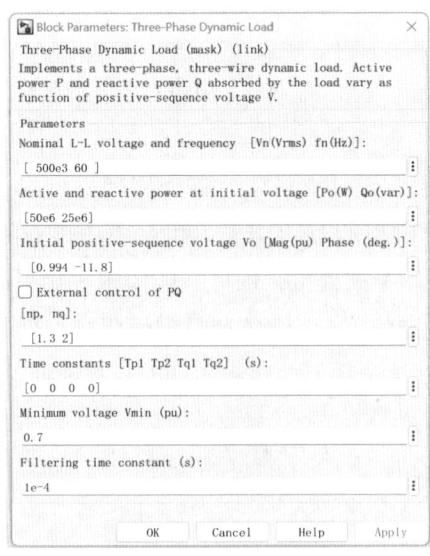

图3.3.43 负荷模型参数设置

3.3.4 储能模型

在有源配电网中，储能具有削峰填谷、改善电能质量、促进可再生能源消纳的作用。如图3.3.44所示，储能仿真模型主要包括蓄电池、变流器和控制系统模型。

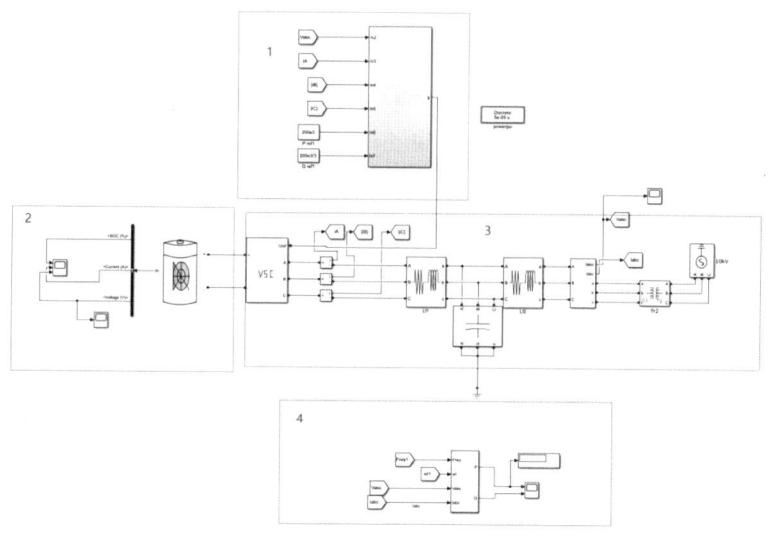

图 3.3.44 储能仿真模型

子系统1为蓄电池模型，输出为直流电压，支持监测端口电压、电流和SOC状态。子系统2为控制系统模型，输入为储能有功/无功功率设定值、网侧电压、网侧电流、直流电压、电流，输出为变流器的控制信号。子系统3为输出功率计算模块。子系统4为变流器电路，包括整流桥、LCL滤波器和隔离变压器，整流桥由控制模块控制。

蓄电池模型参数设置如图3.3.45所示。在图3.3.45（a）中，参数"Type"为四种可选蓄电池类型，分别是铅酸/Lead-Acid、锂离子/Lithium-Ion、镍镉/Nickel-Cadmium、镍金属氢化物/Nickel-Metal-Hydride蓄电池。参数"Nominal voltage (V)"是蓄电池的标称电压，单位为V。参数"Rated capacity (Ah)"是电池的额定容量，单位为Ah。参数"Initial state-of-charge (%)"是电池的初始荷电状态（SOC），当SOC值为100%时，表示电池充满电；当SOC值为0%时，表示电池未充电。参数"Battery response time(s)"是电池的响应时间。图3.3.45（b）中，选中"Determined from the nominal parameters of the battery"后，放电参数（Discharge）页面的参数将由电池的标称参数确定。参数"Maximum capacity(Ah)"为电池的最大理论容量，参数"Cut-off Voltage(V)"为电池允许的最小电压，当电池电压到达这个参数值时代表放电完全。参数"Fully charged voltage(V)"表示电池满电状态电压。参数"Nominal discharge current(A)"为测量出的标称放电电流，单位为A。参数"Internal resistance(Ohms)"为电池内阻，单位为Ω。参数"Capacity(Ah) at nominal voltage"为电池已放电容量。参数"Exponential zone [Voltage(V), Capacity (Ah)]"为指数区电压和电容值。

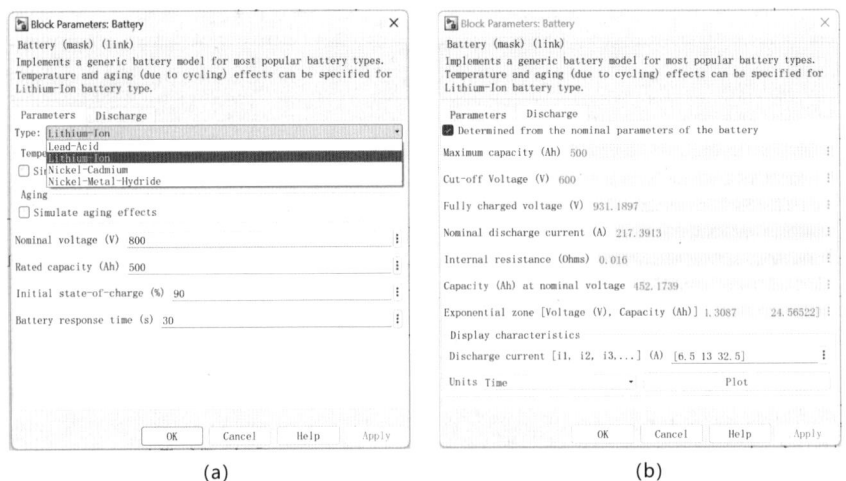

(a)　　　　　　　　　　　(b)

图3.3.45　蓄电池模型参数设置

对铅酸蓄电池类型，模型计算方程：

放电模型（$i^* > 0$）：

$$f_1(it, i^*, i, \exp) = E_0 - K \cdot \frac{Q}{Q-it} \cdot i^* - K \cdot \frac{Q}{Q-it} \cdot it + \text{Laplace}^{-1}\left(\frac{\exp(s)}{\text{Sel}(s)} \cdot 0\right)$$

充电模型（$i^* > 0$）：

$$f_2(it, i^*, i, \exp) = E_0 - K \cdot \frac{Q}{it + 0.1 \cdot Q} \cdot i^* - K \cdot \frac{Q}{Q-it} \cdot it + \text{Laplace}^{-1}\left(\frac{\exp(s)}{\text{Sel}(s)} \cdot \frac{1}{s}\right)$$

对锂离子电池类型，模型计算方程：

放电模型（$i^* > 0$）：

$$f_1(it, i^*, i) = E_0 - K \cdot \frac{Q}{Q-it} \cdot i^* - K \cdot \frac{Q}{Q-it} \cdot it + A \cdot \exp(-B \cdot it)$$

充电模型（$i^* > 0$）：

$$f_2(it, i^*, i) = E_0 - K \cdot \frac{Q}{it + 0.1 \cdot Q} \cdot i^* - K \cdot \frac{Q}{Q-it} \cdot it + A \cdot \exp(-B \cdot it)$$

对镍镉和镍氢电池类型，模型计算方程：

放电模型（$i^* > 0$）：

$$f_1(it, i^*, i, \exp) = E_0 - K \cdot \frac{Q}{Q-it} \cdot i^* - K \cdot \frac{Q}{Q-it} \cdot it + \text{Laplace}^{-1}\left(\frac{\exp(s)}{\text{Sel}(s)} \cdot 0\right)$$

充电模型（$i^* > 0$）：

$$f_2(it, i^*, i, \exp) = E_0 - K \cdot \frac{Q}{|it| + 0.1 \cdot Q} \cdot i^* - K \cdot \frac{Q}{Q-it} \cdot it + \text{Laplace}^{-1}\left(\frac{\exp(s)}{\text{Sel}(s)} \cdot \frac{1}{s}\right)$$

式中，E_0是恒定电压，单位为V；$\exp(s)$是指数动态区域，单位为V；$\text{Sel}(s)$是电池模式，电池放电期间$\text{Sel}(s)=0$，电池充电期间，$\text{Sel}(s)=1$；K是极化常数，单位为Ah^{-1}；i^*是低频动态电流，单位为A；i是电池电流，单位为A；it是提取容量，单位为Ah；Q是最大容量，单位为Ah；A是指数变化电压，单位为V；B是指数变化电容，单位为Ah^{-1}。

仿真案例：以图3.3.44模型为例进行并网仿真。并网电压为10kV，蓄电池电压为800V，初始有功功率设定为150e3W，无功功率为50e3W。5s时有功功率上升到300e3W，无功功率上升到200e/3W，观察模型的输出波形。

各模型详细参数如下。

仿真所用为铅酸蓄电池，其标称电压为900V，额定容量为500Ah，初始充电状态为90%，电池响应时间为1s，其参数如图3.3.46所示。

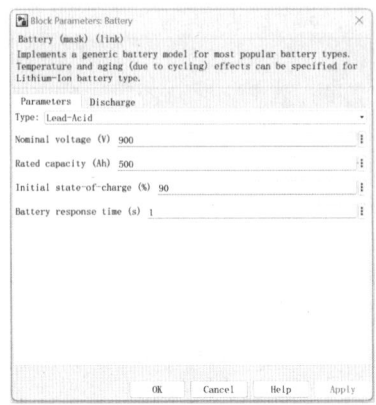

图 3.3.46 蓄电池参数设置

如图 3.3.47 所示，整流桥类型选择为 Average-model basd VSC，采用平均值模型。

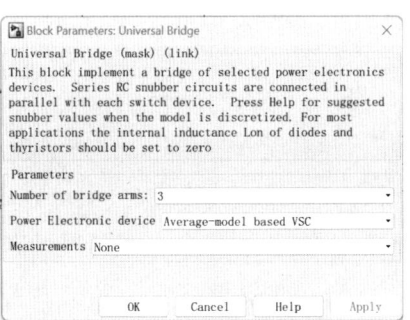

图 3.3.47 整流桥参数设置

如图 3.3.48 所示，LCL 滤波器的滤波电容值为 500e-6，滤波电感为 1000e-6H。

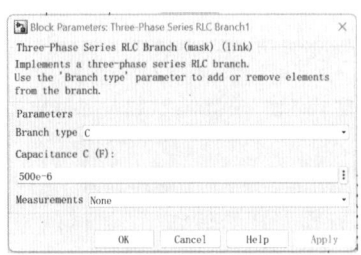 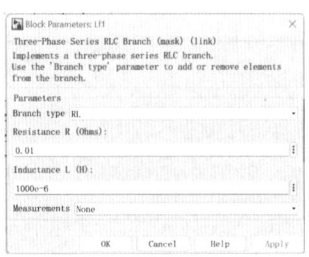

图 3.3.48 滤波起参数设置

如图3.3.49所示，变压器一次侧电压、电阻、电感分别为10e3V、0.0012pu、0.03pu；二次侧电压、电阻、电感设置为380V、0.0012pu、0.03pu。

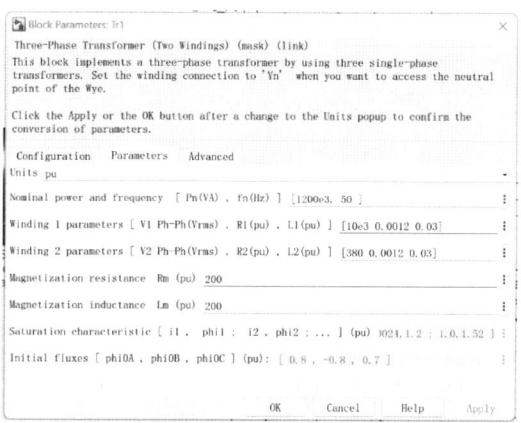

图3.3.49 变压器参数设置

如图3.3.50所示，三相电源电压为10e3V，频率为50Hz，内阻为0.8929Ω，内感为16.58e-3H。

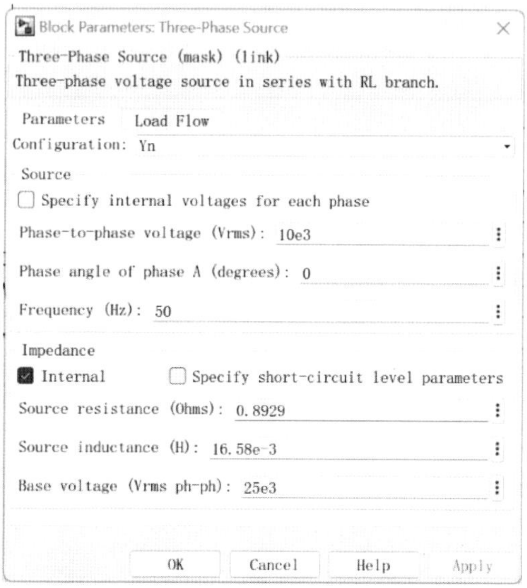

图3.3.50 三相电源参数设置

仿真时间为10s，仿真结果如图3.3.51所示。1s时蓄电池开始响应，输出功率从0kW上升并稳定在了150kW，与初始设定值相同；5s时，输出功率从150kW上升并稳定在300kW。以上仿真结果验证了该储能模型的有效性。

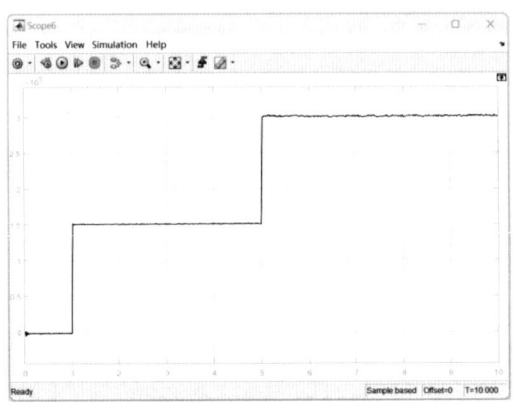

图 3.3.51　储能仿真波形

4

仿真建模及调试

本章首先介绍有源配电网仿真的典型操作流程，接着以典型网格为例，详细讲解运用RT1000数字实时仿真系统开展有源配电网仿真的步骤和注意事项。

4.1 仿真流程

有源配电网仿真按照实施步骤，一般可分为仿真方案设计、数据收资及处理、仿真模型搭建、模型导入与调试、结果分析5个环节，如图4.1.1所示。

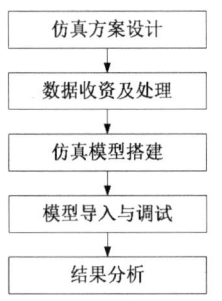

图 4.1.1 有源配电网仿真流程

1. 仿真方案设计

仿真方案设计应根据仿真对象和具体要求，明确仿真的目的，计算所需的仿真硬件资源，进一步设计典型仿真场景、预期效果，并编制仿真试验方案。其中，仿真场景主要根据仿真目的确定，包括单体设备功能仿真、系统的功能特性仿真，按先开环后闭环、先局部后整体的顺序。仿真试验方案一般包括概述、试验依据、仿真建模、试验场景（试验项目、试验内容、试验条件、运行模式）、项目计划、组织安排、试验步骤及预期结果等。

2. 数据收资及处理

数据收资是仿真建模前的重要环节，决定了仿真的精度和效果。应根据仿真目标，分析建模需求，进而制定详细的数据收资表。以有源配电网网格建模仿真为例，建模前需要收集的资料包括配电网单线图、地理接线图、变压器型号参数、线路型号参数、光伏和储能电站信息及内部拓扑参数、无功补偿设备参数、负荷运行数据、光伏和储能运行数据、光照数据、风速数据、故障保护策略定值、无功补偿策略、变压器分接头调节策略等。

收集得到的负荷、光伏出力等运行类数据,需要通过数据清洗,根据时间顺序找出缺失或错误的数据,并进行补全或修正,以保证仿真运行的真实性(仿真收资清单示例见表4.1.1)。

表4.1.1 仿真收资清单示例

收资类别	具体名称	备注
拓扑类	配电网单线拓扑图	
	地理接线图	
设备参数类	变压器参数	变压器型号、电压、容量、连接组别、铜损参数、铁损参数等
	线路参数	线路类别(架空、电缆)型号、单位长度阻抗、线路长度
	光伏电站参数	光伏电站容量、电压、拓扑、一次参数,光伏电源组串情况、控制策略
	储能电站	储能电站容量、电压、拓扑、一次参数,电池组串情况、控制策略
	无功补偿设备	一次拓扑结构、参数、控制策略
运行数据类	负荷运行数据	有功、无功
	光伏运行数据	有功、无功
	储能运行数据	有功、无功
	光照数据	辐照度
	风速数据	风速
定值策略类	故障保护策略定值	
	变压器分接头调节策略	

3.仿真模型搭建

仿真模型搭建时,首先确定仿真步长,并根据仿真器处理单元的计算能力对模型进行初步划分。根据各部分对仿真的精细度要求选择对应的模型,例如详细模型、降阶模型、等值模型等。仿真模型搭建完后,需根据现场实测或典型经验设定模型参数,并给出相关初始化参数(电容初始电压、电感初始电流、开关状态、新能源启动时间等),导入运行数据,使系统模型运行后能快速进入预设运行工况。根据仿真方案,进一步在模型中设置对应的测试场景变量,包括故障点、功率变化、光照变化、开关动作、设备启停等。

4.模型导入与调试

完成系统模型搭建后,根据节点统计信息,制作模型预拆分表,选择节点完成模型拆分并制作数据输出接口。利用插件将Simulink模型转成数字实时仿真系统支持的代码模型后,导入仿真器,绑定对应的计算单元,完成多核数据传输接口连接绑定,即可开展数字实时仿真调试。在调试过程中,按照从电源向负荷、从局部到整体的顺序,可通过时间触发或手动触发设定扰动,完成场景测试;通过波形曲线、可视化表计等观察系统响应情况,对正确结果进行记录,对预期不一致的结果应查找原因,并重新测试。

5.结果分析

仿真结果可通过理论分析、现场数据对比等方式进行校核,常用的校核分析手段包括定性分析(经验判断)、定量分析(量化指标)、静态校核、动态校核等。校核无误后,可根据仿真结果展示的系统运行特征,分析系统运行水平、设备调节能力、反演故障等。最后,编制仿真试验报告,内容包括仿真波形、调整记录、结果判断等。

4.2 典型网格建模案例

基于上述仿真流程,本节将通过某简化的配电网网格案例,对有源配电网电磁暂态实时仿真的典型操作流程进行演示。

4.2.1 案例基本情况

该简化配电网网格拓扑结构如图4.2.1所示,包含3条中压10kV线路,线路1为3分段线路,有3个负荷,线路总长3km;线路2为2分段线路,有2个负荷,线路总长2km;线路3主线为4分段,有2个分支,共接入5个负荷,其中负荷10处还接入了一座分布式光伏电站。搭建上述案例的电磁暂态仿真模型,并导入RT1000数字实时仿真系统,观察每条线路的首端电压、末端电压、负载率等运行指标情况。该配电网系统相关参数见表4.2.1,某典型日运行数据见表4.2.2。

4 仿真建模及调试

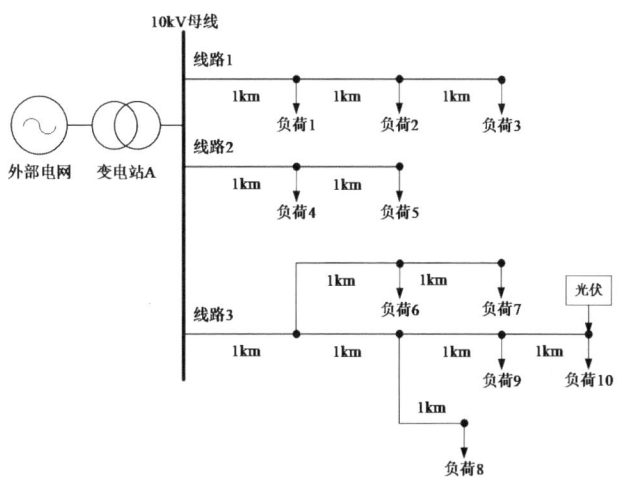

图 4.2.1 有源配电网仿真案例拓扑结构

表 4.2.1 有源配电网系统主要参数

参数类别	名称	数值
设备参数类	变压器	一次侧电压 110kV、二次侧电压 10.5kV、容量 50MV·A
	线路参数	线路类别为架空线，长度 1km，单位长度电阻为 0.137+0.321Ω/km
	光伏电站参数	光伏电站容量可调、光伏电源开路电压 1000V
运行数据类	单条线路负荷运行数据	最大有功功率 2MW，最大无功功率 500kW
	光伏运行数据	最大输出功率为 5MW
	光照数据	最大辐照度 1000W/m^2

表 4.2.2 有源配电网典型日运行数据

时间 (h)	辐照度 (W/m^2)	负荷1 (kW)	负荷2 (kW)	负荷3 (kW)	负荷4 (kW)	负荷5 (kW)	负荷6 (kW)	负荷7 (kW)	负荷8 (kW)	负荷9 (kW)	负荷10 (kW)
1	0.00	471.24	284.75	837.93	1030.89	612.36	548.25	97.94	119.06	988.19	72.75
2	0.00	426.53	259.59	779.45	1145.55	808.08	509.38	97.88	124.44	1069.25	61.19
3	0.00	461.89	268.94	755.99	854.49	787.50	533.88	106.25	128.00	1096.69	58.94
4	0.00	456.11	218.45	897.26	815.64	813.96	456.88	103.63	111.81	1092.56	55.06
5	0.00	451.86	235.96	839.63	933.66	599.76	438.13	90.63	112.88	1193.25	56.13
6	0.00	492.66	214.03	841.50	1044.75	653.52	444.31	114.69	104.63	767.13	8.19
7	2.48	474.81	224.40	918.85	813.96	719.46	415.06	106.44	130.44	767.13	7.88
8	141.00	661.98	254.66	1017.28	1103.13	698.04	389.81	111.81	134.38	767.13	6.69
9	285.44	496.57	265.54	1077.46	781.62	663.60	346.06	96.88	141.75	768.13	11.81
10	428.11	500.65	249.22	1113.67	972.72	524.16	334.88	106.19	155.38	950.63	7.75
11	751.01	591.77	266.22	1068.28	983.64	544.74	304.88	99.56	145.88	929.50	69.63

87

续表

时间(h)	辐照度(W/m²)	负荷1(kW)	负荷2(kW)	负荷3(kW)	负荷4(kW)	负荷5(kW)	负荷6(kW)	负荷7(kW)	负荷8(kW)	负荷9(kW)	负荷10(kW)
12	955.05	556.58	263.33	920.89	1325.31	671.16	362.25	103.00	157.06	1009.63	68.25
13	1001.66	574.94	246.50	984.98	1035.72	675.36	363.69	89.06	176.69	929.88	66.88
14	897.25	430.10	268.09	944.52	952.98	665.28	342.69	92.06	136.31	1112.63	33.50
15	659.76	528.02	274.04	867.34	1044.75	748.86	368.56	101.31	86.44	1132.81	31.38
16	353.98	448.80	267.92	849.66	843.57	639.24	374.94	98.63	149.44	1250.00	24.44
17	136.08	417.18	235.11	1031.05	868.77	632.10	394.13	125.50	141.88	1250.00	96.94
18	1.92	418.03	274.21	960.16	897.54	588.00	336.50	145.00	91.19	811.38	95.56
19	0.00	473.28	497.76	939.08	887.46	478.38	373.25	148.31	108.88	716.69	73.50
20	0.00	604.18	503.71	882.47	703.71	606.06	360.94	127.00	157.75	120.06	80.13
21	0.00	520.20	519.52	748.17	760.41	652.68	405.56	149.31	135.44	126.50	324.31
22	0.00	561.85	545.19	858.67	929.67	688.80	384.13	148.31	162.88	77.81	235.88
23	0.00	602.48	493.17	669.97	988.68	941.64	390.94	131.00	175.75	83.56	258.31
24	0.00	649.91	521.05	640.73	561.96	1244.88	385.50	110.75	147.31	82.69	237.75

4.2.2 仿真模型搭建

在Simulink中搭建上述案例的有源配电网仿真模型，设置仿真时间为48s，模拟实际48h的运行时长，仿真步长为50μs。其中光伏初始额定功率设定为3MW，12s时光伏电站投入运行，24~48s时，将光伏额定功率调节至5MW。有源配电网仿真模型如图4.2.2所示。

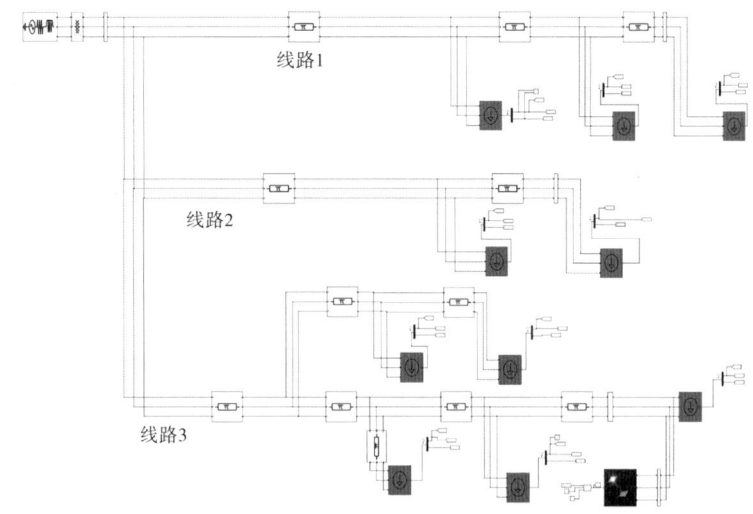

图4.2.2 有源配电网仿真模型

线路首端、末端电压波形如图4.2.3所示。其中，黄线为三条线路的首端电压，蓝线、红线、绿线分别为线路1、2、3的末端电压，可知线路电压会随着负荷波动小范围变化，线路3受光伏接入影响，在日照时间内出现了末端电压抬升的现象。

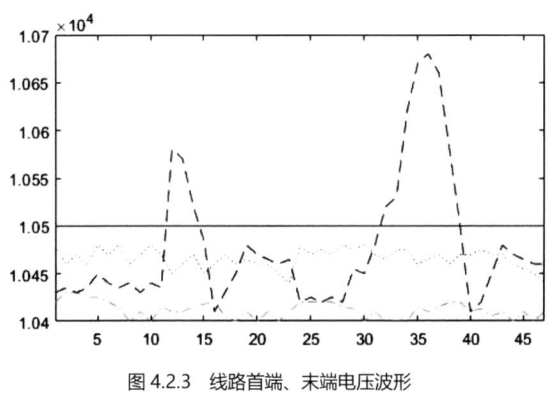

图4.2.3　线路首端、末端电压波形

图4.2.4、图4.2.5为线路负载率波形和光伏输出功率波形。可知光伏输出功率能随着辐照度和额定功率设定值变化而相应变化。

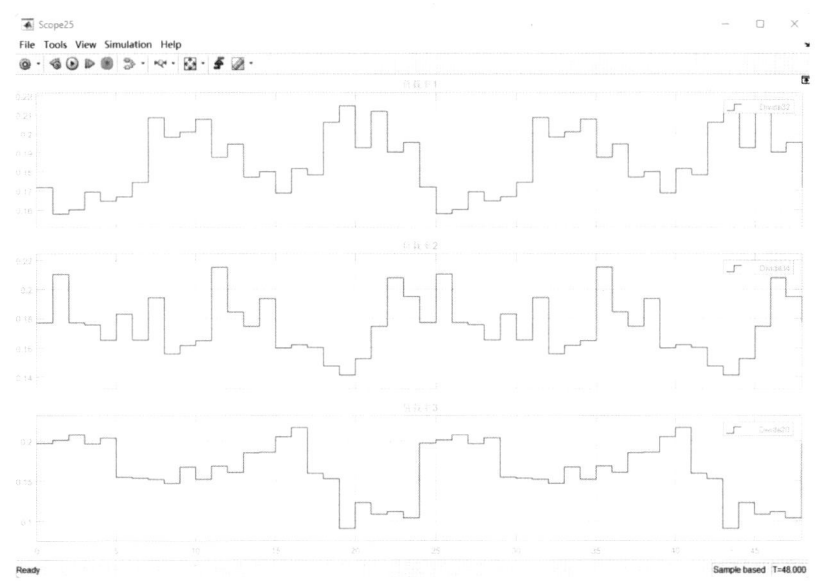

图4.2.4　线路负载率波形

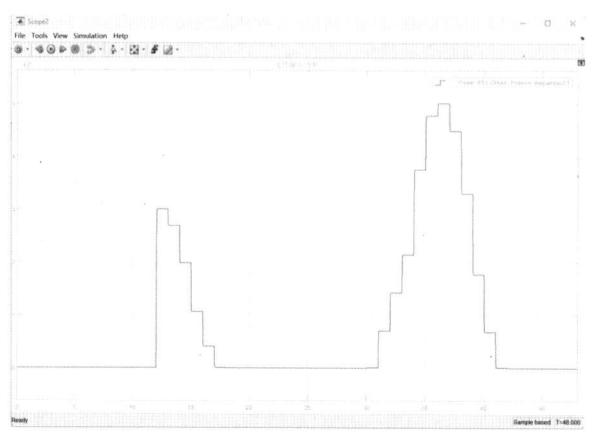

图 4.2.5 光伏输出功率波形

4.2.3 模型拆分与导入

当进行大规模有源配电网系统级实时电磁暂态仿真时,由于所需计算资源较多,为了保证实时性,通常需要对模型进行拆分,每个子模型分别占用一个计算单元。以上述案例为例,假设需要占用 2 个计算单元,因此需要将模型拆成 2 部分。以线路 3 首端为拆分点,将模型拆为 2 个子模型 System1(图 4.2.6)和 System2(图 4.2.7),拆分表见表 4.2.3。System1 包含电源、变压器、线路 1 和线路 2 部分,线路 3 部分由可调负荷替代。System2 为线路 3 部分,用可调电压源模拟与 System1 的连接部分。System1 将拆分处节点电压实时传输给 System2,System2 将节点电流实时传输给 System1,实现 2 个子系统解耦运行。

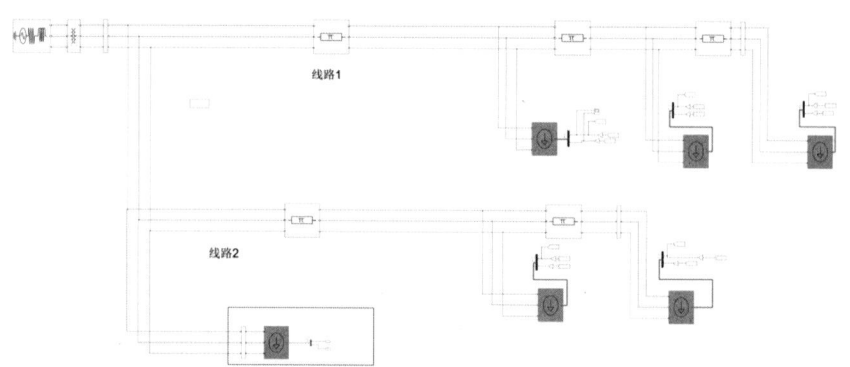

图 4.2.6 System1 模型

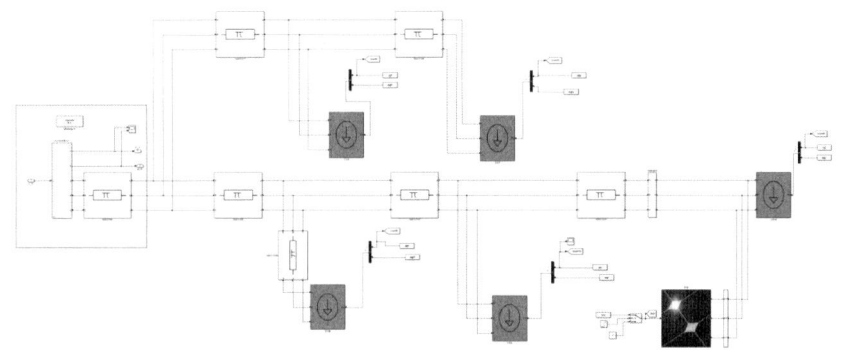

图 4.2.7 System2 模型

表 4.2.3 仿真模型拆分表

模型名称	电源数	变压器数	线路	负荷数	线路数	光伏数
System1	1	1	线路 1、2	5	5	0
System2	0	0	线路 3	5	7	1

将 System2 中光伏模型的启停与额定容量设置为输入信号，将每条线路的首/末端电压、负载率等运行指标计算值设置为模型输出信号后，即可进入模型转化阶段，将 Simulink 中搭建的模型转化为可在 RT1000 数字实时仿真系统中执行的代码。具体流程如下：

（1）在 Simulink 界面的工具栏中选择"设置"，如图 4.2.8 所示。

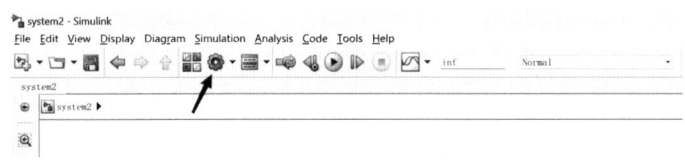

图 4.2.8 选择"设置"

（2）对转化后的 RT1000 数字实时仿真文件进行命名，分别设定为 system1 和 system2，如图 4.2.9 所示。

（3）单击 Simulink 界面工具栏的代码转化"Build"按钮（图 4.2.10），可在界面下部 Diagnostic View 窗口查看转化过程，经过一段时间，提示"Build process completed successfully"，说明模型转化成功，如图 4.2.11 所示。

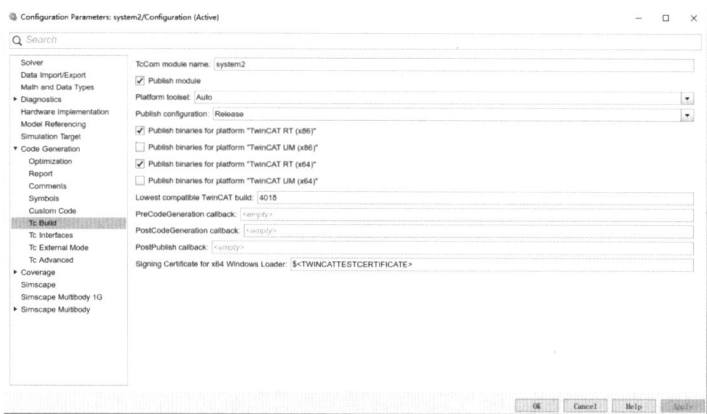

图 4.2.9　模型命名

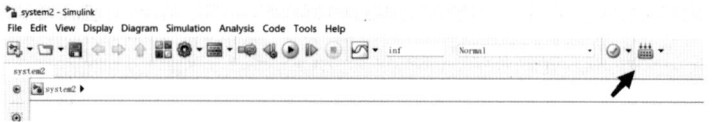

图 4.2.10　单击"Build"按钮

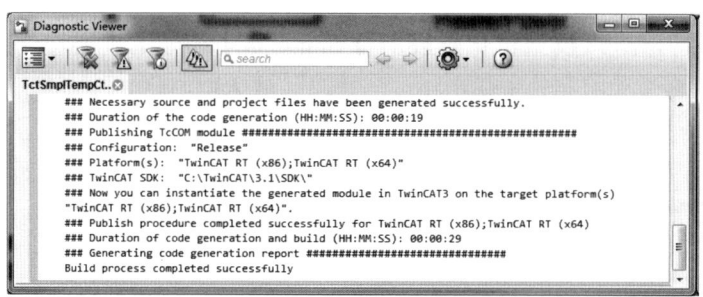

图 4.2.11　模型转化成功

模型转化成功后,进入模型导入和运行阶段,具体流程如下:

1. 新建项目

打开 RT1000 数字实时仿真软件,新建项目,并命名。

2. 配置计算单元

在左侧资源管理器选中 SYSTEM 下的 Real-Time,将 Available Coress 数量设置为 2,因为本案例模型拆分为 2 个子系统,需要配置 2 个计算单元。将计算单元的计算时间周期设置为 50μs,如图 4.2.12 所示。

4 仿真建模及调试

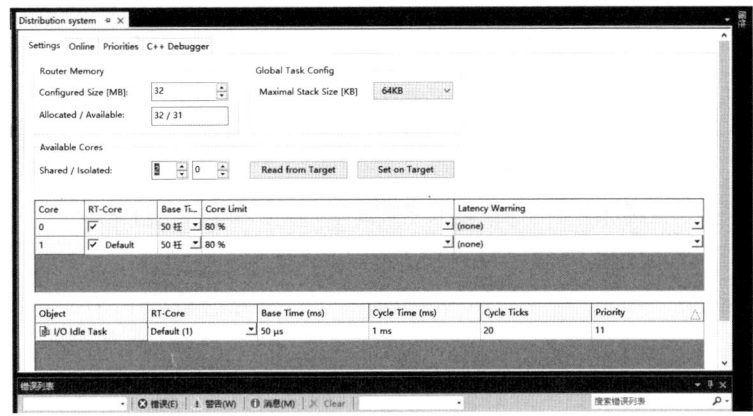

图 4.2.12 配置计算单元

3. 创建 Task

在左侧资源管理器中选中 Task，选择"添加新项"选项，创建 Task。共需创建 2 个 Task，分别命名 Task2 和 Task3（图 4.2.13），并配置仿真步长为 0.05ms，即"Cycle ticks"设为 1。

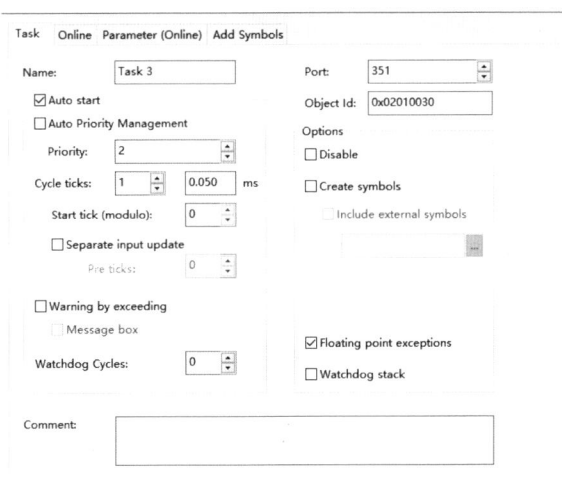

图 4.2.13 创建 Task

4. 分配计算单元

回到 Real-Time 设置页面，在窗口中配置计算单元，分别将 core0、core1 分配给 Task2 和 Task3，如图 4.2.14 所示。

93

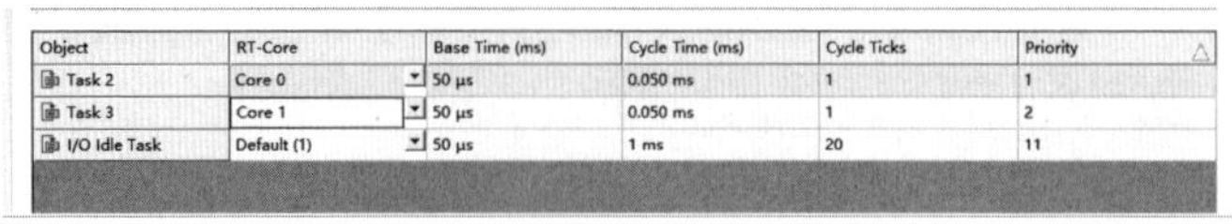

Object	RT-Core	Base Time (ms)	Cycle Time (ms)	Cycle Ticks	Priority
Task 2	Core 0	50 μs	0.050 ms	1	1
Task 3	Core 1	50 μs	0.050 ms	1	2
I/O Idle Task	Default (1)	50 μs	1 ms	20	11

图4.2.14 分配计算单元

5.导入模型

在左侧资源管理器找到TcCOM Object,右击并在打开的菜单中选择"添加新项（W）...",如图4.2.15所示。找到之前转化生成的模型文件system1和system2并导入,如图4.2.16所示。双击添加好的模型,在新窗口中选中第二个选项卡Context,为该模型分配Task。

图4.2 15 选择"添加新项（W）..."

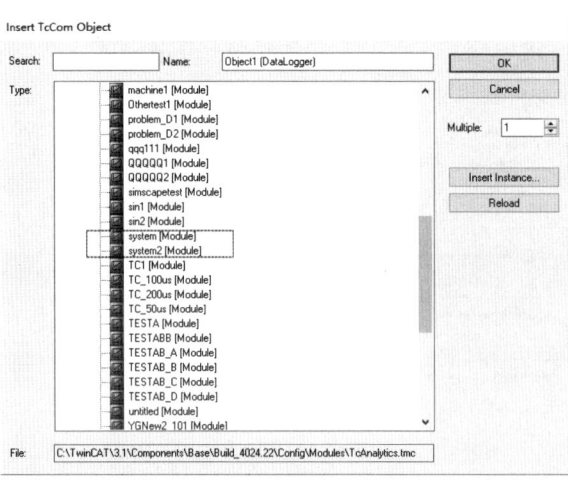

图4.2.16 导入成功

6.运行模型

选择对应仿真系统,激活工程（单击"active configuration"按钮）

即可运行模型。此时可在 block diagram 查看模型运行数据的实时数值，如图 4.2.17 所示。

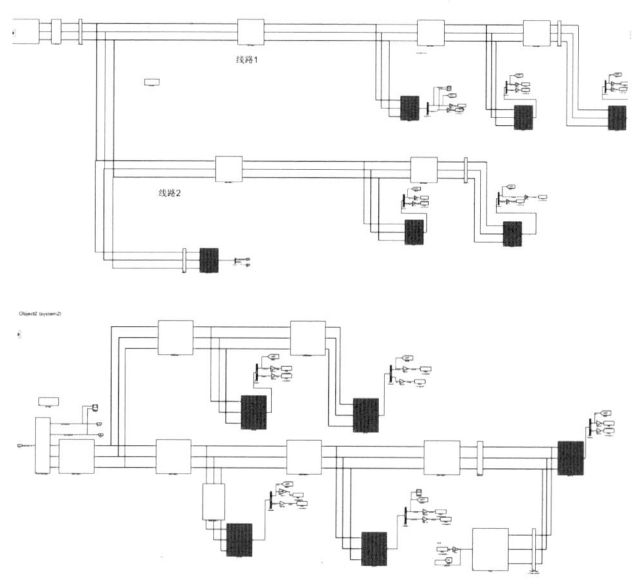

图 4.2.17　仿真模型运行信息查看

4.2.4　仿真结果展示与分析

在 RT1000 数字实时仿真软件中有两种方法可以查看模型仿真结果。第一种是通过创建示波器，观察输出波形；第二种是通过绘制可视化界面，观察仿真结果。

1. 创建示波器

在项目界面左侧资源管理器中找到解决方案，右击选择添加－新建项目，项目类型为 Measurement，选择 YT Scope Project（图 4.2.18）即可创建示波器工程。

在示波器工程，右击坐标轴 Axis Group，在打开的菜单中选择 Target Browser（图 4.2.19），即可选择模型的变量添加到示波器中，进行波形展示。

2. 绘制可视化界面

创建界面、新建 PLC 工程，展开工程列表找到 VISUs，右击既可创建可视化界面，命名为"Visualization"，如图4.2.20所示。

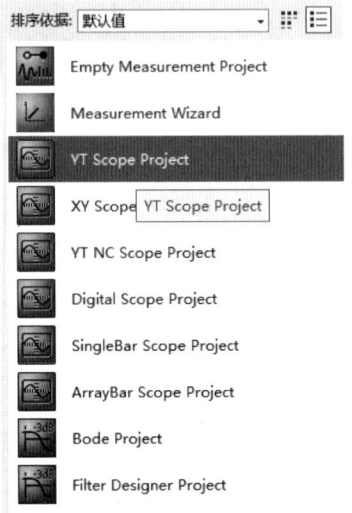

图 4.2.18　选择 YT Scope Project

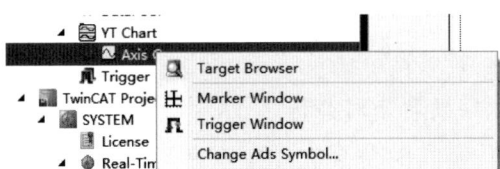

图 4.2.19　选择 Target Browser

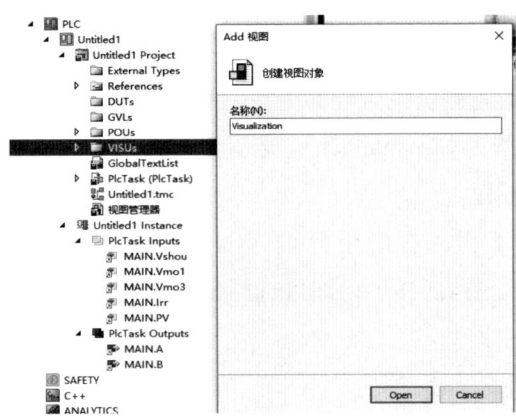

图 4.2.20　创建可视化界面

（1）基础框架绘制。可视化界面自带的工具箱包含很多基础元件，如线、开关、文本输入框等。如图4.2.21所示，单击工具箱即可在右边界面选择所需要的元件进行基础框架的绘制。

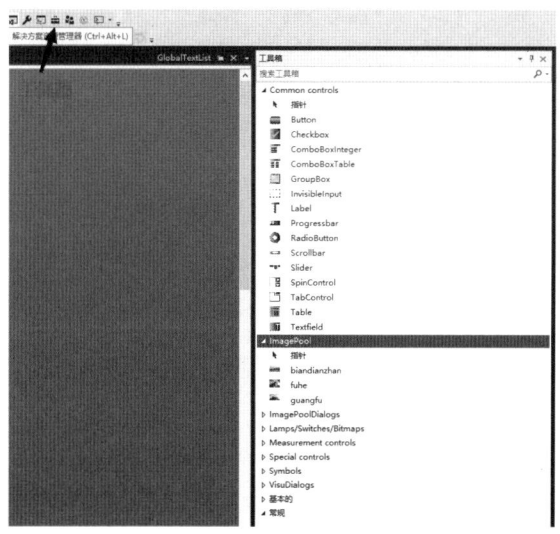

图 4.2.21　工具箱

（2）外部图片输入（图4.2.22）。配置管理窗口，找到 VISUs 文件夹，右击 Add，在打开的菜单中选择 Image Pool，单击 Open，找到需要添加的图片位置即可进行外部图片添加。创建完成后工具箱就会出现 Image Pool 元件库。

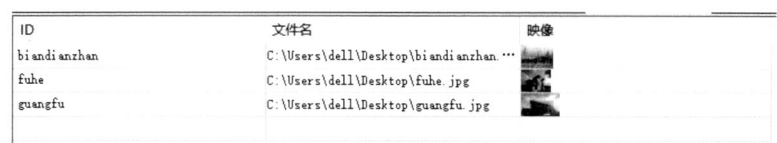

图 4.2.22　外部图片输入

（3）输入/输出数据的创建与绑定。在用户自定义界面中，可以创建 MAIN 函数，通过编写代码（图4.2.23）创建输入/输出接口，创建的接口用于和仿真模型的输入/输出数据相连。借助此功能可以实现用户界面控制仿真模型的功能，如数据输入、开关控制等。

```
 1   PROGRAM MAIN
 2   VAR
 3       A AT%Q*:LREAL;
 4       Btput:BOOL;
 5       Biput:BOOL;
 6       B AT%Q*:LREAL;
 7       Vshou AT%I*:LREAL;
 8       Vmo1 AT%I*:LREAL;
 9       Vmo3 AT%I*:LREAL;
10       Irr AT%I*:LREAL;
11       PV AT%I*:LREAL;
12
13
14
15   END_VAR
16
```

图 4.2.23 编写代码

（4）波形展示。在用户自定义界面可以用Config1.ini文件来展示波形，在用户界面创建后打开Config1.ini文件，修改配置文件可以设置波形的参数，如波形名称、标题、输入数量等示例如图4.2.24所示。

```
Config1.ini - 记事本
文件(F) 编辑(E) 格式(O) 查看(V) 帮助(H)
[Ads]
Local=0
AsmID=169.254.216.30.1.1
Port=851

[Curve]
Title=电压
PointsSize=4800
Query=20
EnbaleToolbar=0

[Line1]
Enable=1
plcName=Main.Vshou
enableLegend=1
lineName=首端电压
YAxisMin=10
YAxisMax=11

[Line2]
Enable=1
plcName=Main.Vmo3
lineName=末端电压3
YAxisMin=10
YAxisMax=11
```

图 4.2.24 波形展示示例

完成上述步骤后即可绘制出简单的用户自定义界面，本节的案例界面如图4.2.25所示。左侧为仿真案例的模型展示图，光伏模块通过开关进行控制，开关下设置指示灯来显示开关状态，光伏额定功率通过参数框输入控制；右侧为三个波形展示，第一个波形为首端电压和第三条线路的末端电压，第二个波形为辐照度数据，第三个波形为光伏功率。

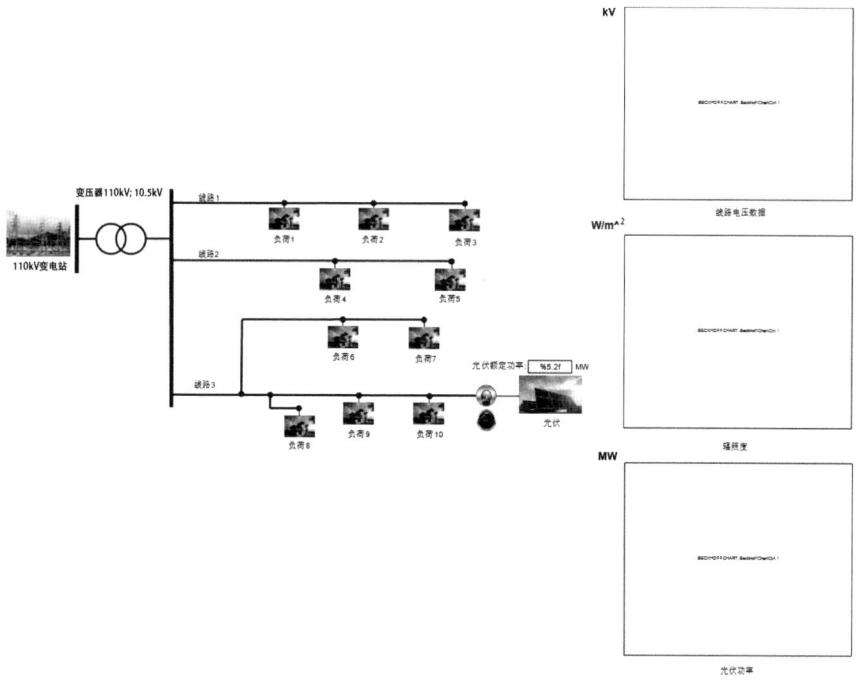

图4.2.25　绘制案例可视化界面

仿真案例运行后，光伏投入运行，典型日1设定光伏额定功率为3MW，典型日2设定光伏额定功率为5MW。由仿真波形可知，光伏输出功率随着额定功率设定的变化而变化，线路3的末端电压抬升幅度与光伏额定功率相关。可视化界面为用户的策略调试提供了灵活、便捷化的手段。

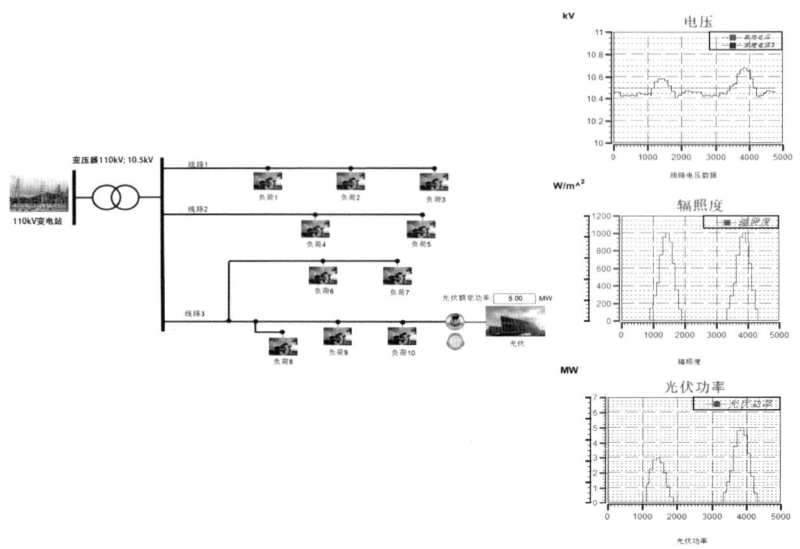

图 4.2.26　配电网格仿真案例

综上，该调试案例验证了数字实时仿真系统的有效性。当面向实现较大规模的电力系统仿真时，数字实时仿真系统凭借其并行处理技术、专门设计的硬件设施能更好地保证数字实时仿真运行的实时性，实现较大规模的电力系统仿真。

5

有源配电网典型案例分析

本章按照案例背景、基本情况、仿真建模过程、参数设置、仿真结果分析的顺序，对有源配电网5类典型案例进行介绍，包括分布式光伏接入、有源配电网故障保护控制、海岛微电网、低压多台区柔性互联系统、氢电耦合直流系统，并给出了初步仿真结论，为后续深入仿真研究奠定基础。

5.1 分布式光伏接入

随着分布式光伏快速发展，配电网逐渐由单向无源网络向供需互动的有源网络演变。规模化分布式光伏接入，使局部地区配电网面临线路载流量越限、变压器过载、电压偏差超过限值等问题，影响系统安全稳定。基于《分布式电源接入电网承载力评估导则》（DL/T 2041—2019），可以通过热稳定评估，用红、黄、绿三色评估配电网对新能源的消纳能力。然而，当前对光伏接入能力评估考虑因素还比较单一，主要还是侧重于热稳定评估，还处于变电站或母线层级，对于中压线路没有考虑实际拓扑网架的影响，无法量化评估分析配电网对分布式光伏的承载能力。因此，亟须通过电磁暂态实时仿真技术研究规模化分布式光伏接入对配电网的影响，对电网规划和运行具有重要意义。

5.1.1 案例基本情况

本节以某中压配电网线路为例开展仿真案例分析。该配电网线路为2分段辐射线路，2段线路分别长1.2km和1km，负荷接入线路末端，额定功率约为2.5MW。近期线路上有5.3MW分布式光伏项目的接入需求。计划通过仿真研究光伏接入对线路电压分布的影响，进一步分析该条线路对分布式光伏的最大接入能力。

5.1.2 仿真建模及参数设置

如图5.1.1所示，该中压配电网线路由外部电网、变压器、10kV线路、交流负荷和光伏组成，其中光照、负荷等数据采用的是2022年7月的实际数据。相关参数设置说明如下。

1. 外部电网建模

外部电网选用三相交流电源模型。如图5.1.2所示，"Configuration"

5 有源配电网典型案例分析

接线方式为Yg，"Phase-to-phase voltage（Vrms）"线电压有效值为110kV，"Frequency（Hz）"频率为50Hz。

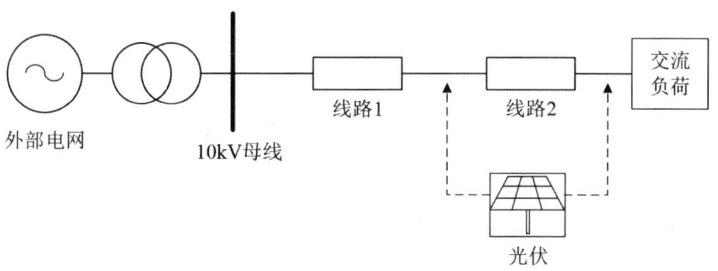

图 5.1.1　分布式光伏接入案例拓扑结构

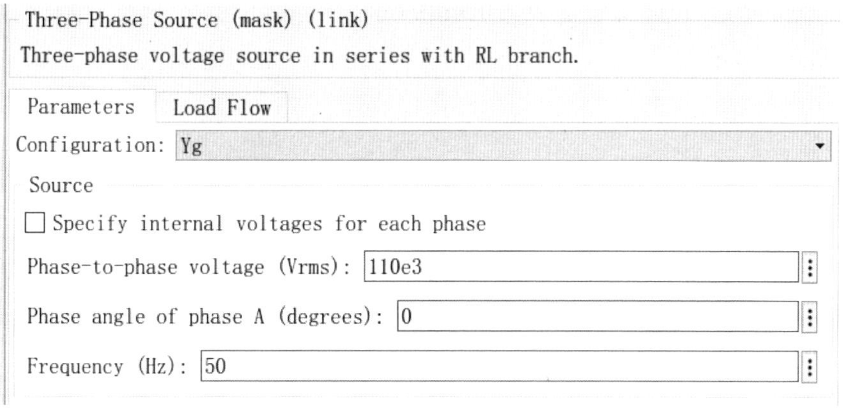

图 5.1.2　三相交流电源参数设置

2. 变压器建模

变压器采用二绕组变压器，原副边接线方式采用Y/△-11。如图5.1.3所示，"Nominal power and frequency"额定容量、频率为50MW、50Hz，"Winding 1 parameters [V1 Ph-Ph(Vrms), R1(pu), L1(pu)]"1侧绕组参数（电压、电阻、漏抗）为110kV、0.04pu、0.03pu，"Winding 2 parameters [V2 Ph-Ph(Vrms), R2(pu), L2(pu)]"2侧绕组参数（电压、电阻、漏抗）为10.35kV、0.04pu、0.03pu，"Magnetization resistance Rm(pu)"励磁电阻为500pu，"Magnetization inductance Lm(pu)"励磁电感为500pu。

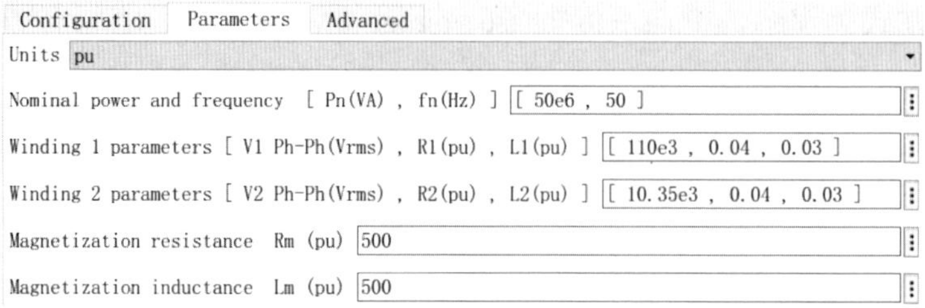

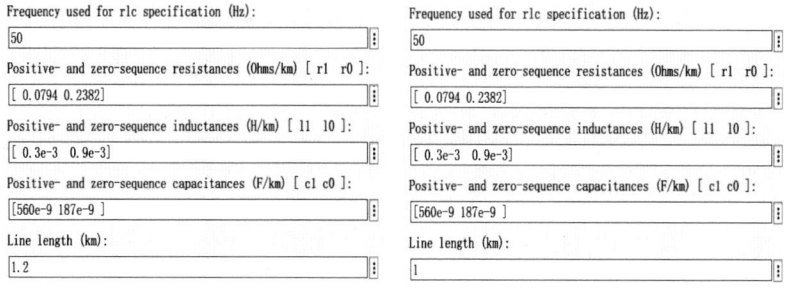

图 5.1.3 变压器参数设置

3. 10kV 线路建模

10kV 线路采用三相 PI 型线路模型。如图 5.1.4 所示，将 Positive-sequence resistances（正序电阻）设为 0.0794Ω/km，将 Positive-sequence inductances（正序电感）设为 0.3mH/km，线路1、线路2长度分别设为 1.2km、1km。

图 5.1.4 10kV 线路参数设置

4. 交流负荷建模

交流负荷选用三相动态负荷模型，通过导入外部数据（有功功率 P_TP、无功功率 Q_TP），模拟负荷功率波动，如图 5.1.5 所示。

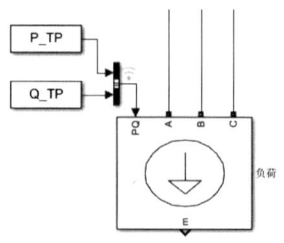

图 5.1.5 交流负荷模型

5. 光伏系统建模

光伏系统选用第3章光伏模型，光伏电源采用10串结构，开路电压约为850V，光伏隔离变额定容量100kW，光伏设置为储能系统启动后0.5s自动启动，光照数据选用2022年7月的实际光照数据。

如图5.1.6所示，区域1为光伏阵列，采用10串结构，开路电压约为850V，并联数量根据需要可调，输入包括光照强度和温度。区域2为光伏逆变器，采用LCL滤波器的三相桥式电路，输入为占空比，输出为交流电。区域3为光伏控制系统模型，采用MPPT控制，输入为光伏侧和电网侧的电压电流，输出为占空比，通过改变变流器占空比使光伏阵列保持在最大功率点运行。

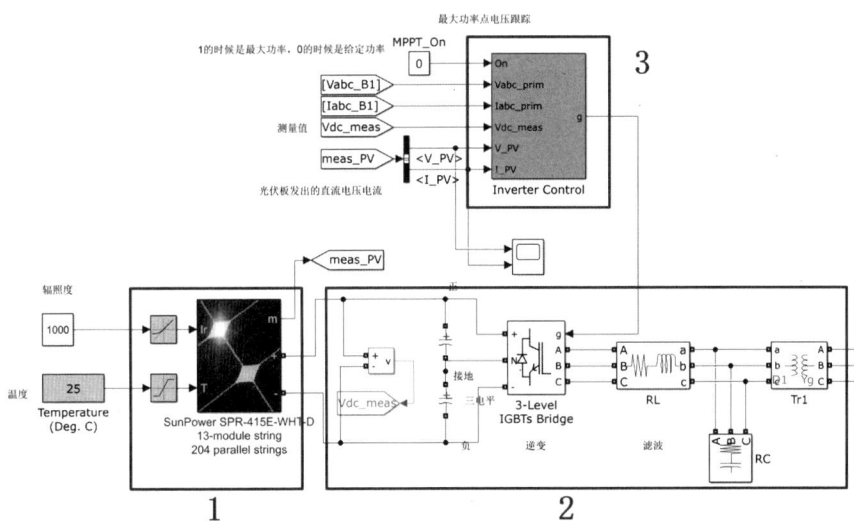

图5.1.6 光伏系统模型

搭建分布式光伏接入模型（图5.1.7），仿真步长设置为50μs。模型输入信号用红色标注，输出信号用蓝色标注，见表5.11。将仿真模型转化并导入至RT1000数字实时仿真软件后，完成仿真器配置，绘制可视化界面，即可实现模型长周期实时电磁暂态仿真。

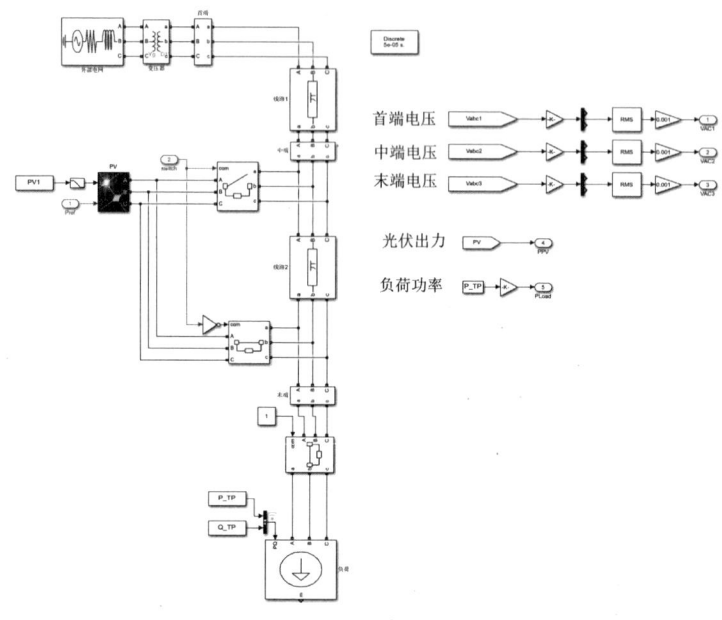

图 5.1.7 分布式光伏模型

表 5.1.1 模型输入输出参数列表

类别	序号	参数名称	含义
输入参数	1	Pref	光伏系统额定功率设定
	2	switch	光伏接入位置控制
输出参数	1	VAC1	线路首端线电压有效值
	2	VAC2	线路中端线电压有效值
	3	VAC3	线路末端线电压有效值
	4	PPV	光伏输出功率
	5	Pload	负荷功率

5.1.3 仿真结果

对分布式光伏接入案例模型进行仿真,由图5.1.8可得,当线路末端接入5.3MW光伏时,线路首端、中端、末端电压均不会超过10.7kV的电压规定上限,则该线路能够支持5.3MW分布式光伏接入。增加分布式光伏装机容量后,发现当光伏装机达到6.8MW时,线路末端电压会达到10.7kV,可得该条线路末端最大可接入6.8MW光伏。由图5.1.9可得，当6.8MW光伏接入线路中端时，不会出现电压越限问题，则线路中端比末端拥有更强的光伏接入能力，最大约可接入9MW。

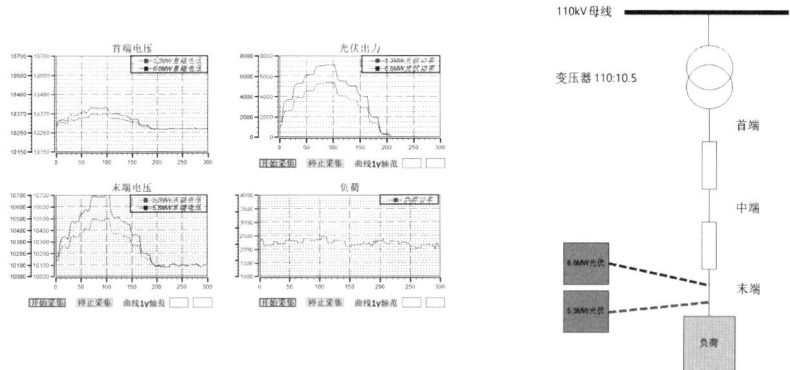

图 5.1.8　光伏接入线路末端仿真波形

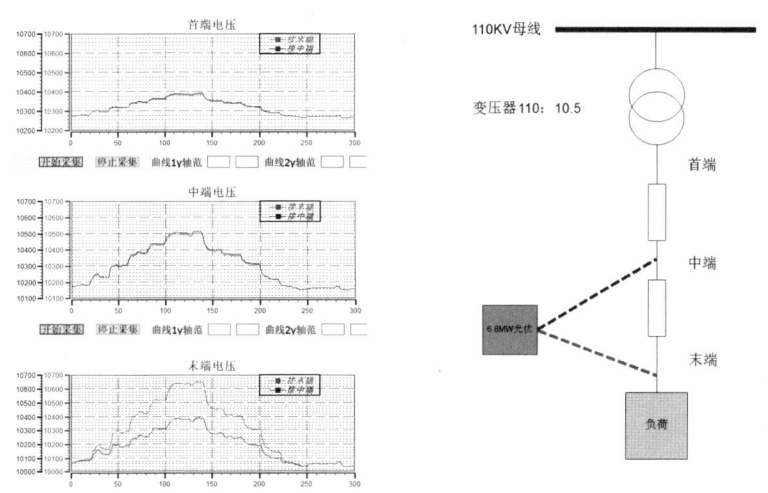

图 5.1.9　光伏接入线路中端仿真波形

5.2　有源配电网故障保护控制

传统中压配电网保护装置装设于变电站低压侧出线的馈线断路器处，一旦启动容易导致整条线路全停。为了能够自动隔离故障区段，快速恢复非故障区段的正常供电，通常将配电网自动化手段与馈线保护结合起来，实现馈线自动化保护运行。随着配电网用户类型多样化和分布式电源接入，配电网不再是单电源、辐射型网络，原有的保护控制方式不再适用，亟须借助电磁仿真首端，研究各种故障下"双高"（高比例新能源、高比例电力电子设备）配电网的故障特性，分析总结保护配置方案，为有源配电网的安全可靠运行提供保证。

5.2.1 案例基本情况

本节以某中压有源配电网单环网系统为例开展仿真案例分析。如图5.2.1所示，该仿真案例为电缆单环网结构，共计包含3个环网站，开环点为环网站2的2#开关处，环网站1处接入分布式光伏电站1座，假设线路1~4长度均为1km。计划通过仿真研究故障发生后配电网保护与自动化策略的动作流程，为后续有源配电网故障特性分析与整定奠定基础。

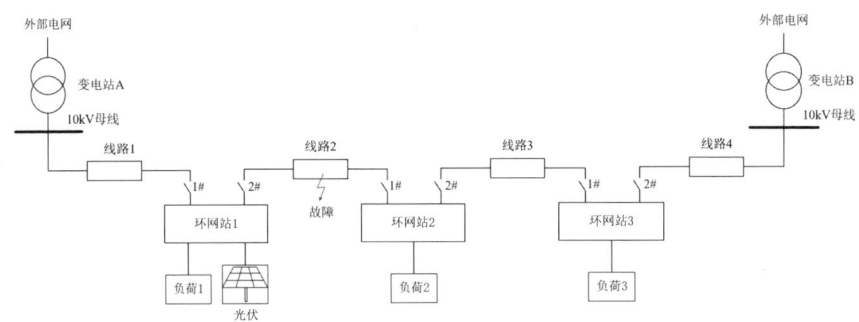

图 5.2.1　分布式光伏接入案例拓扑结构

5.2.2 仿真建模及参数设置

如图5.2.1所示，该有源配电网单环网系统由外部电网、变压器、10kV线路、开关、环网站、交流负荷和光伏等组成，相关参数设置说明如下。

1. 外部电网建模

外部电网选用三相交流电源模型。"Configuration"接线方式为Yg，"Phase-to-phase voltage (Vrms)"线电压有效值为110kV，"Frequency（Hz）"频率为50Hz。

2. 变压器建模

变压器采用二绕组变压器，原副边接线方式采用 Y/△-11，"Nominal power and frequency" 额定容量、频率为50MW、50Hz，"Winding 1 parameters［V1 Ph-Ph(Vrms), R1(pu), L1(pu)］" 1侧绕组参数（电压、电阻、漏抗）为110kV、0.04pu、0.03pu，"Winding 2 parameters［V2 Ph-Ph(Vrms), R2(pu), L2(pu)］" 2侧绕组参数（电压、电阻、漏抗）为10.35kV、0.04pu、0.03pu，"Magnetization resistance Rm（pu）" 励磁电阻为500pu，"Magnetization inductance Lm(pu)" 励磁电感为500pu。

3. 10kV 线路建模

10kV线路采用三相PI型线路模型，将 Positive-sequence resistances（正序电阻）设为0.0794Ω/km，将 Positive-sequence inductances" 正序电感设为0.3mH/km，线路1、线路2、线路3、线路4长度均设为1km。

4. 交流负荷建模

交流负荷选用三相RLC负荷模型，设置负荷功率为1.8MW。

5. 光伏系统建模

光伏系统选用第3章光伏模型，额定容量为700kW，光照数据选用2022年7月的实际光照数据。

搭建有源配电网单环网系统模型（图5.2.2），仿真步长设置为50μs。

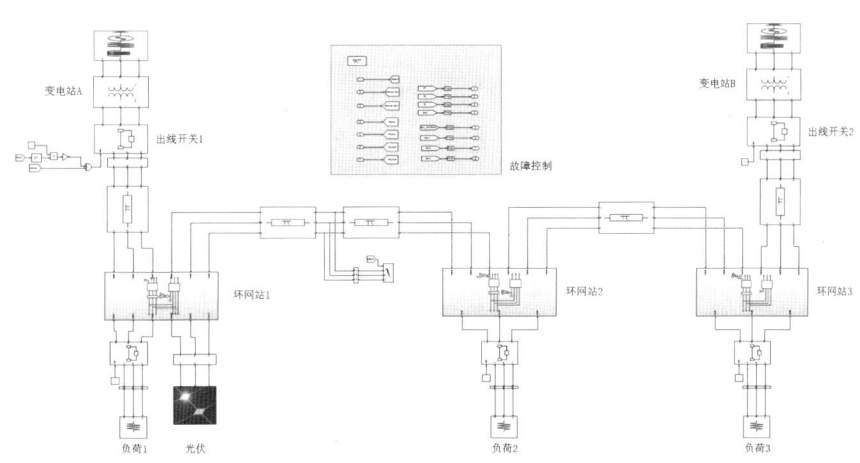

图 5.2.2 有源配电网单环网系统案例建模

109

模型输入信号用红色标注，输出信号用蓝色标注，见表5.2.1。将仿真模型转化并导入RT1000数字实时仿真软件后，完成仿真器配置，绘制可视化界面，即可实现模型长周期实时电磁暂态仿真。

表 5.2.1 模型输入/输出参数列表

类别	序号	参数名称	含义
输入参数	1	fault	模拟线路故障
	2	K1	出线开关1控制
	3	K2	光伏启停控制
	4	K3	环网站1的2#开关
	5	K4	环网站2的1#开关
	6	K5	环网站2的2#开关
	7	K6	环网站3的1#开关
输出参数	1	Iload1	负荷1电流
	2	Iload2	负荷2电流
	3	IPV	光伏电流
	4	Ifault	故障电流
	5	IZ	出线开关1电流
	6	I1	环网站1流入电流
	7	I2	环网站2流入电流
	8	I3	环网站3流入电流

5.2.3 仿真结果

对有源配电网单环网系统模型进行仿真，模拟故障发生后，出线开关1侧过流，根据故障保护策略，开关1断开，光伏失电停止运行。配电自动化系统检测到故障位于线路2上，则根据故障指示器提示，可手动进行故障隔离和故障恢复操作：①通过分段环网站1的2#开关和环网站2的1#开关，实现故障隔离；②重新闭合出线开关1恢复环网站1带电，光伏重新启动运行；③依次闭合环网站3的1#开关、环网站2的2#开关，通过变电站B向环网站2供电，重新恢复负荷2供电，实现负荷转供，验证了线路保护和配电自动化相互配合的可行性，最大限度降低故障影响。有源配电网故障控制案例仿真界面及波形如图5.2.3所示。

5 有源配电网典型案例分析

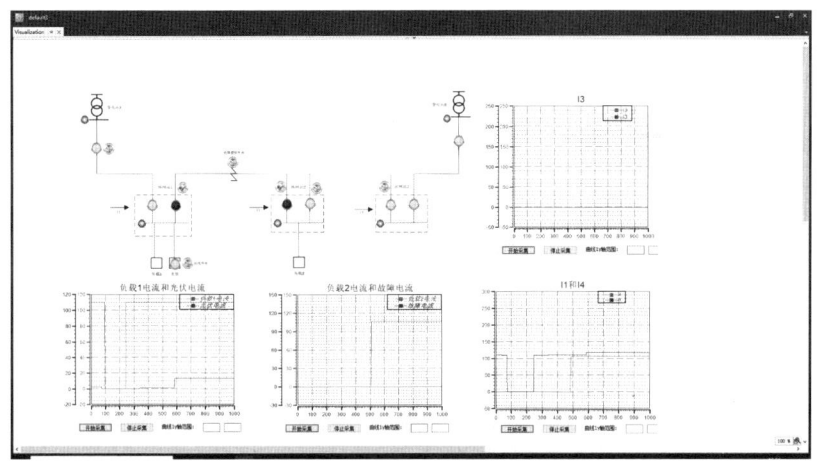

图 5.2.3 有源配电网故障控制案例仿真界面及波形

5.3 海岛微电网

微电网（Microgrid）是指由分布式电源、储能装置、用电负荷、能源转换装置、监控和保护自动化装置等组成的，能够基本实现内部电力电量平衡的小型发配用供电系统。微电网能够促进规模化分布式电源就地消纳，提高负荷供电可靠性，有助于实现源网荷储资源高效利用，提升系统灵活性与经济性，对新型电力系统建设具有重要的支撑作用。

微电网根据运行模式可分为并网型和独立型，根据应用场景可分为居民社区、商企建筑、工业园区、偏远地区等，其中海岛微电网是偏远地区的典型应用。海岛上风光等资源丰富，由于远离大陆、易受台风等恶劣天气影响，一般供电可靠性较低，需要重点考虑微电网的离网能力。

5.3.1 案例基本情况

本节以东部沿海某海岛微电网为例开展仿真案例分析。微电网建设前，海岛上拥有35kV变电站1座，通过1条35kV海缆与大陆相联；拥有35kV风电场1座，风机单台装机850kW，岛上负荷以居民负荷为主，平均功率在100~200kW。由于海缆检修时间较长，通常在20~30d，微电网配置了1000kW/1000kW·h的储能系统，接入1台850kW风机和

30kW光伏（图5.3.1），可满足海岛居民20d的离网供电需求，离网供电可靠性95%。

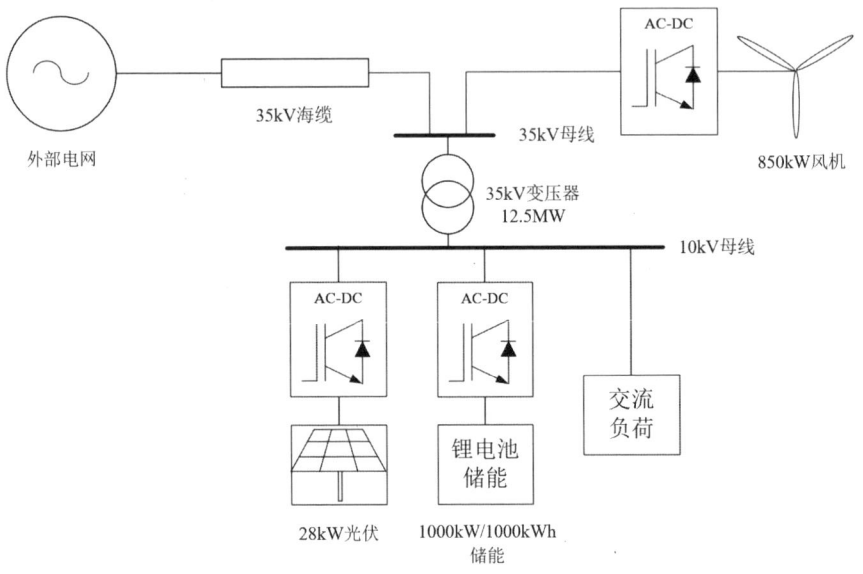

图 5.3.1　海岛微电网案例拓扑结构

微电网设计了并网源网荷储优化调度与离网稳定协调控制策略。并网状态时，微电网可主动响应上级调度系统的调度指令，参与联络线功率平抑控制，实现对配电网的主动支撑；在外部电网发生故障时，微电网可离网运行，保证负荷的可靠供电。电磁暂态仿真可验证微电网系统建设方案的合理性和控制策略的可行性，为工程建设、调试、运行奠定基础。

5.3.2　仿真建模及参数设置

如图5.3.1所示，该海岛微电网由等效外部电源、35kV海缆、35kV主变、风机、光伏、储能和负荷等系统组成，其中光照、风速、负荷等数据采用的是2022年7月的实际数据。相关参数设置说明如下。

1. 等效外部电源建模

等效外部电源由三相交流电源和变压器模型构成。

如图5.3.2所示，三相交流电源"Configuration"接线方式为Yg，

"Phase-to-phase voltage (Vrms)"线电压有效值为110kV,"Frequency（Hz）"频率为50Hz。

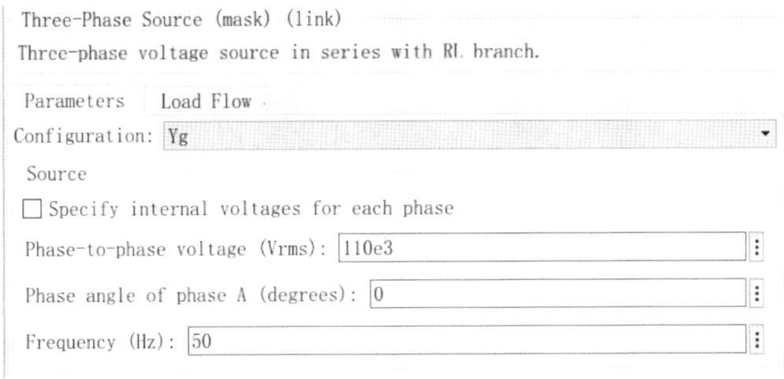

图 5.3.2 三相交流电源参数设置

变压器采用三绕组变压器。如图5.3.3所示,"Nominal power and frequency［Pn（VA）, fn（Hz）］"额定容量、频率为50MW、50Hz,"Winding 1 parameters［V1 Ph-Ph(Vrms), R1(pu), L1(pu)］"1侧绕组参数（电压、电阻、漏抗）为110kV、0.0225pu、0.1075pu,"Winding 2 parameters［V2 Ph-Ph(Vrms), R2(pu), L2(pu)］"2侧绕组参数（电压、电阻、漏抗）为35kV、0.0225pu、0.1075pu,"Magnetization resistance Rm(pu)"励磁电阻为879.01pu,"Magnetization inductance Lm(pu)"励磁电感为137pu。

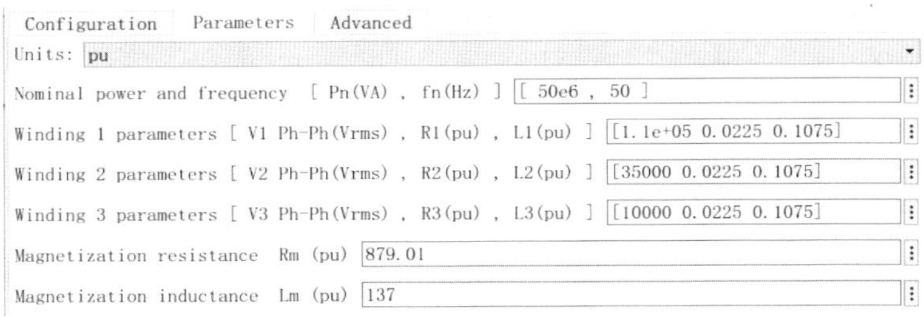

图 5.3.3 变压器参数设置

2. 35kV海缆建模

35kV海缆采用PI型线路模型。如图5.3.4所示,将Positiveo-sequence resistances（正序电阻）设为0.05Ω/km,将Positiveo-sequence inductances（正序电感）设为0.1mH/km，线路长度设为8km。

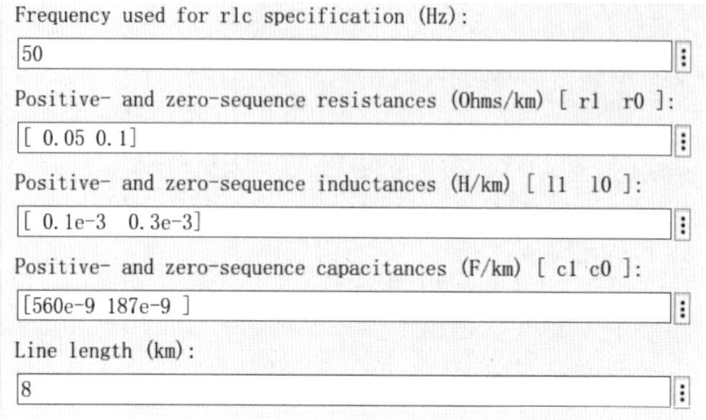

```
Frequency used for rlc specification (Hz):
50
Positive- and zero-sequence resistances (Ohms/km) [ r1  r0 ]:
[ 0.05 0.1]
Positive- and zero-sequence inductances (H/km) [ l1  l0 ]:
[ 0.1e-3  0.3e-3]
Positive- and zero-sequence capacitances (F/km) [ c1 c0 ]:
[560e-9 187e-9 ]
Line length (km):
8
```

图 5.3.4　海缆参数设置

3. 35kV主变建模

35kV主变采用二绕组变压器，原副边接线方式采用Y/△-11。如图5.3.5所示，"Nominal power and frequency [Pn（VA），fn（Hz）]"额定容量、频率为12.5MW、50Hz，"Winding 1 parameters [V1 Ph-Ph(Vrms), R1(pu), L1(pu)]" 1侧绕组参数（电压、电阻、漏抗）为35kV、0.005pu、0.09pu，"Winding 2 parameters [V2 Ph-Ph(Vrms),

```
Configuration  Parameters  Advanced
Units  pu
Nominal power and frequency [ Pn(VA) , fn(Hz) ]  [ 12.5e6 , 50 ]
Winding 1 parameters [ V1 Ph-Ph(Vrms) , R1(pu) L1(pu) ]  [35000 0.005 0.09]
Winding 2 parameters [ V2 Ph-Ph(Vrms) , R2(pu) , L2(pu) ]  [10500 0.005 0.09]
Magnetization resistance  Rm (pu)  683
Magnetization inductance  Lm (pu)  200
```

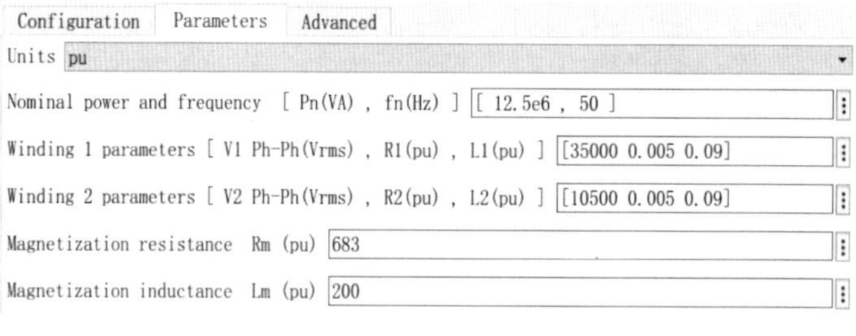

图 5.3.5　35kV主变参数设置

R2(pu), L2(pu)]" 2侧绕组参数（电压、电阻、漏抗）为10.5kV、0.005pu、0.09pu，"Magnetization resistance Rm(pu)）"励磁电阻为683pu，"Magnetization inductance Lm(pu)"励磁电感为200pu。

4. 风机建模（图5.3.6）

风机选用第3章风机模型，风机端口电压设为1200V，风机隔离变额定容量1000kW,风机设置为储能系统启动后0.5s自动启动,风机功率选用2022年7月的历史数据。

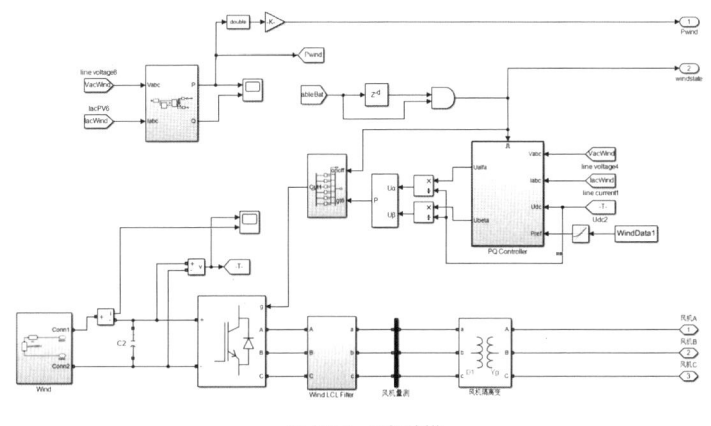

图 5.3.6　风机建模

5.光伏建模（图5.3.7）

光伏选用第③章光伏模型,光伏电源采用10串、7并结构,开路电压约为850V,光伏隔离变额定容量100kW,光伏设置为储能系统启动后0.5s自动启动,光照数据选用2022年7月的实际光照数据。

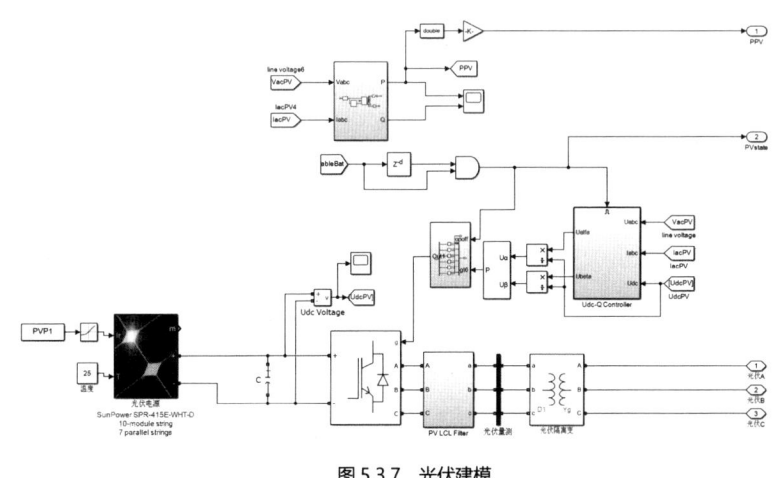

图 5.3.7　光伏建模

6.储能建模（图5.3.8）

储能选用第3章储能模型,储能电池端口电压设为750V,隔离变额定容量1000kW，储能系统启动由外部输入信号PCSstart决定。由并网开关状态信号"modeswitch"决定储能运行模式：当modeswitch=0时，储能采用功率控制模式，若line power smooth=0，功率大小由输入参数Prefbat决定，若line power smooth=1，储能参与海缆联络线功率平抑控制，参数Prefsmooth决定联络线功率大小；当modeswitch=1时，储能采用交流电压控制模式，由储能建立微电网交流电压。

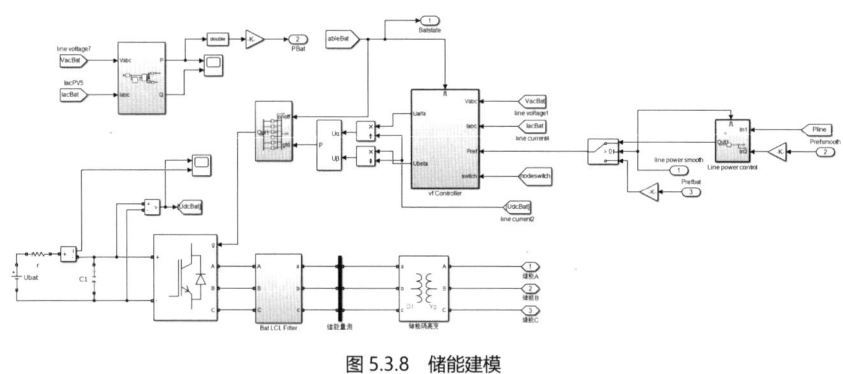

图5.3.8 储能建模

搭建海岛微电网系统模型（图5.3.9），仿真步长设置为50μs。模型输入信号用红色标注，输出信号用蓝色标注，见表5.3.1。将仿真模型转化并导入至RT1000数字实时仿真软件后，完成仿真器配置，绘制可视化界面，即可实现模型长周期实时电磁暂态仿真。

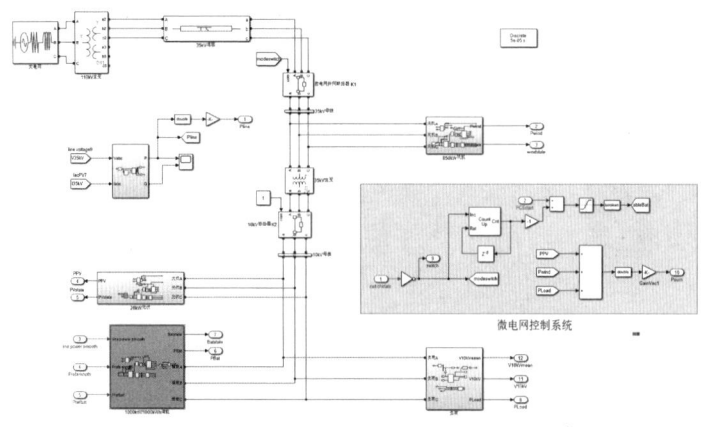

图5.3.9 海岛微电网系统建模

5 有源配电网典型案例分析

表 5.3.1 模型输入/输出参数列表

类别	序号	参数名称	含义
输入参数	1	swtichstate	并网开关通断控制
	2	PCSstart	设备启停控制
	3	line power smooth	联络线平滑控制
	4	Prefsmooth	联络线功率设定
	5	Prefbat	储能功率设定
输出参数	1	Pline	联络线功率
	2	Pwind	风机功率
	3	windstate	风机启停状态
	4	PPV	光伏功率
	5	PVstate	光伏启停状态
	6	Pbat	储能功率
	7	Batstate	储能启停状态
	8	Pload	负荷功率
	9	switch	并网开关状态
	10	Psum	联络线功率理论值
	11	V10kV	10kV 线电压瞬时值
	12	V10kVmean	10kV 线电压有效值

5.3.3 仿真结果

对海岛微电网模型进行仿真，当设备启动后，设定储能功率为 0kW，此时风光按照实际数据运行。当投入联络线功率平滑控制策略时，设定联络线功率为 200kW，此时联络线实际功率在 200kW 附近波动，储能根据实际需求进行功率充放，理论值为不投入策略时的联络线功率，可得策略投入后可大幅减低联络线上的功率波动。

当模拟微电网故障时，断开并网开关，此时 10kV 母线电压会跌落至 0 附近，经过约 0.5s 储能系统切换为交流电压控制模式启动，重新建立交流电压，风机光伏待电压恢复正常后重新并网运行，最大限度保证负荷可靠供电。

控制波形如图5.3.10、图5.3.11所示。

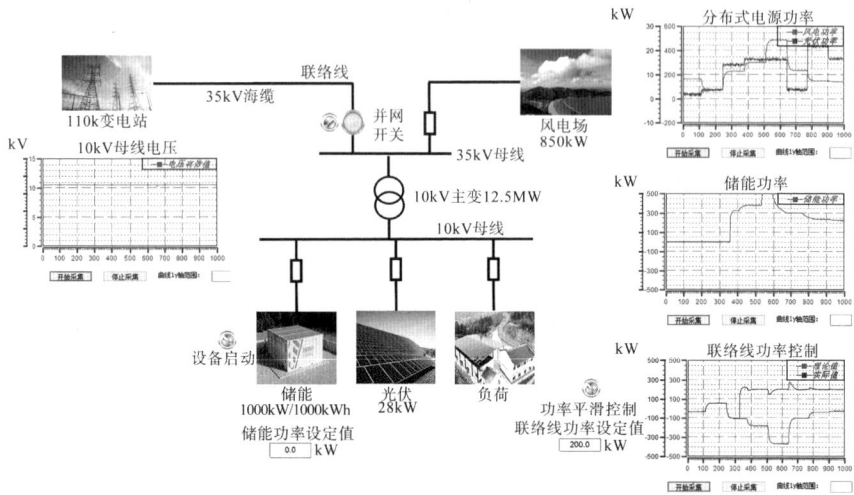

图 5.3.10　海岛微电网并网联络线功率控制波形（Prefsmooth=200kW）

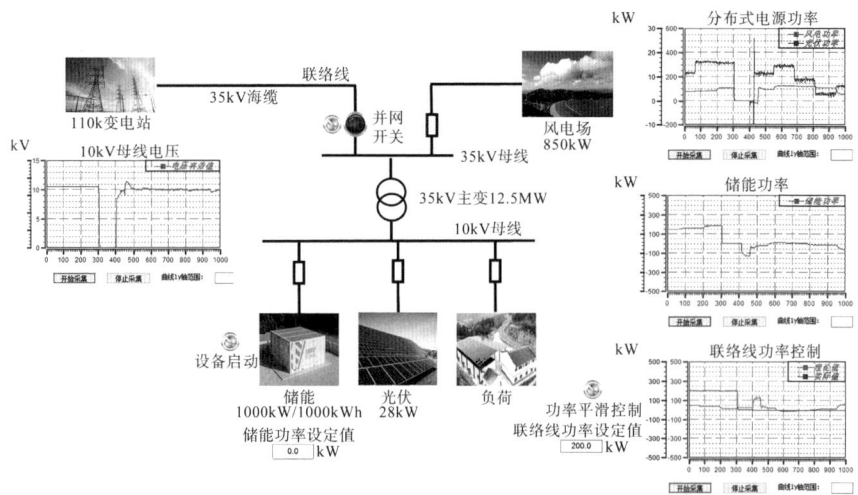

图 5.3.11　海岛微电网离网控制波形

5.4 低压多台区柔性互联系统

台区是电力系统一台配电网变压器的供电范围。当前,低压台区基本采用单台变压器、辐射线路的供电模式,各台区之间相互独立,资源利用效率较低。台区柔性互联系统采用电力电子柔性互联装置、内部共用直流母线,能够将邻近的多个台区通过低压侧联络起来,可精准控制潮流方向大小,实现台区之间能量互济,有效解决相邻台区负载率差异大、不均衡的问题,促进分布式能源就地消纳。

5.4.1 案例基本情况

本节以某低压多台区柔性互联工程为例开展仿真案例分析。工程位于工业园区内,园区入驻光电、通信、精工、机械制造等高精尖企业,白天负荷较大且对优质供电需求极高;附近的居民台区白天负载较小,配电设备利用率不高,与工业台区存在很强的互补性。通过工程建设,将4个工商业台区与相邻的1个居民台区低压柔直互联(单端功率400kW),能够提高台区间负载率均衡优化控制能力,促进区域电网高效运行,提升重要工业负荷的供电可靠性。

低压多台区柔性互联工程设计了负荷均衡、无功就地平衡和故障转供等功能。负荷均衡通过调节柔性互联端口的有功功率,实现5个台区以相同的负载率运行;无功就地平衡,通过调节柔性互联端口的无功功率,实现台区无功的就地平衡,减少与大电网的无功交换;故障转供通过切换柔性互联端口的控制模式,由端口建立故障台区的交流电压,保证负荷供电。低压多台区柔性互联案例拓扑结构如图5.4.1所示。

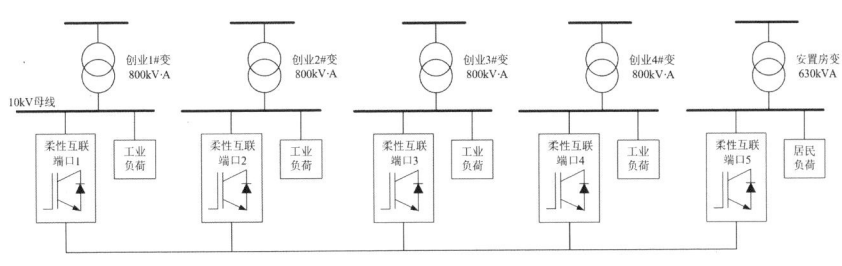

图 5.4.1　低压多台区柔性互联案例拓扑结构

5.4.2 仿真建模及参数设置

如图5.4.2所示,该低压柔性互联系统共包括5端,通过中间直流线路相连。由于各端口结构相同,本节以安置房变下端口5部分为例进行建模介绍。端口5建模包含外部电源、10kV线路、配电变压器、交流负荷、柔性互联端口等部分。

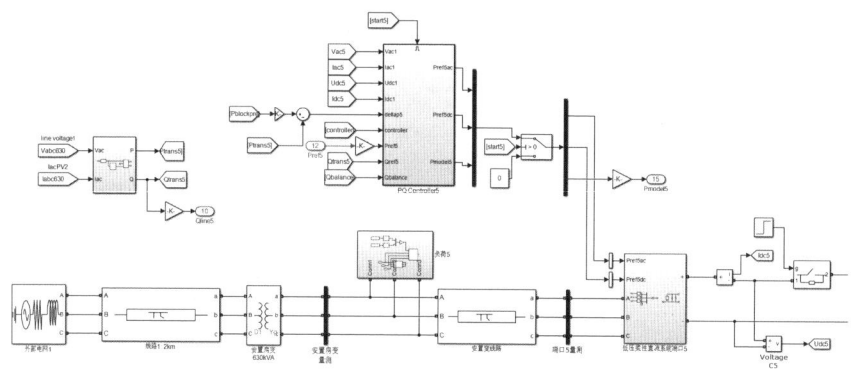

图 5.4.2 低压柔性互联系统端口5拓扑结构

1.外部电源建模

外部电源选用三相交流电源模型,"Configuration"接线方式为Yg,"Phase-to-phase voltage(Vrms)"线电压有效值为10kV,"Frequency(Hz)"频率为50Hz。

2.10kV线路建模

10kV线路选用三相PI型线路模型,将Positive-sequence resistances(正序电阻)设为0.137Ω/km,将Positive-sequence inductances(正序电感)设为1.02mH/km,线路长度为2km。

3.配电变压器建模

配电变压器选用二绕组变压器模型,原副边接线方式采用△/Y-11,"Nominal power and frequency"额定容量、频率为630kW、50Hz,"Winding 1 parameters [V1 Ph-Ph(Vrms), R1(pu), L1(pu)]"1侧绕组参数(电压、电阻、漏抗)为10kV、0.0098pu、0.045pu,"Winding 2 parameters [V2 Ph-Ph(Vrms), R2(pu), L2(pu)]"2侧绕组参数(电压、

5 有源配电网典型案例分析

电阻、漏抗）为400V、0.0098pu、0.045pu，"Magnetization resistance Rm(pu)"励磁电阻为525pu，"Magnetization inductance Lm(pu)"励磁电感为91pu。

4.交流负荷建模

交流负荷选用三相动态负荷模型，通过导入外部数据，模拟负荷功率波动。

5.柔性互联端口建模

柔性互联端口采用的是典型两电平三相AC-DC变流器拓扑结构，选用LC滤波器，交流侧接入安置变低压线路，直流侧通过直流线路与其余4个互联端口相连。柔性互联端口拥有三种控制模式：①恒功率控制；②直流母线电压控制；③恒压/恒频控制。正常情况下，端口1采用直流母线电压控制，维持直流侧电压为750V，端口2~5采用恒功率控制；故障情况下，端口2~5可自动由恒功率控制转为恒压/恒频控制。

当柔性互联端口采用恒功率控制时，有功功率给定方式由控制信号controller决定。当controller=0时，功率就地设置，参考值为Pref5；当controller=1时，功率由上级中央控制器给定，参考值为deltap5。AC-DC变流器拓扑结构如图5.4.3所示。

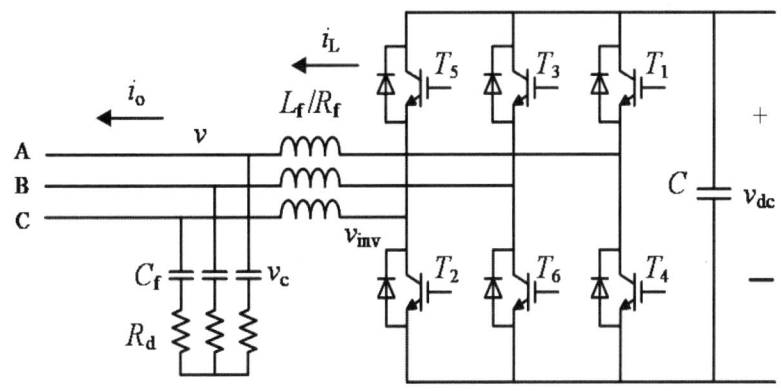

图5.4.3 AC-DC变流器拓扑结构

基于上述端口5建模，搭建低压柔性互联系统模型如图5.4.4所示，仿真步长设置为50μs。模型输入信号用红色标注，输出信号用蓝色标注,见表5.3.1。将仿真模型转化并导入至RT1000数字实时仿真软件后,完成仿真器配置,绘制可视化界面(图5.4.5),即可实现模型长周期实时电磁暂态仿真。

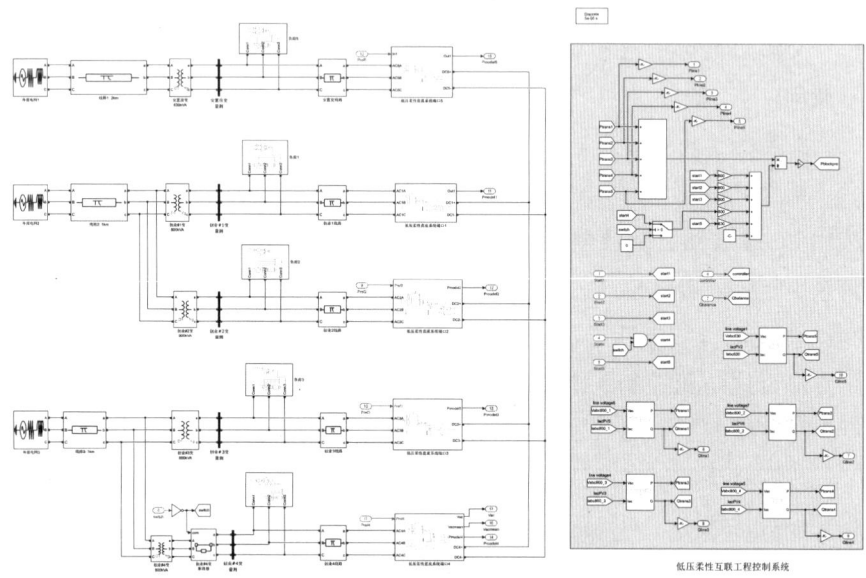

图 5.4.4　低压多台区柔性互联系统建模

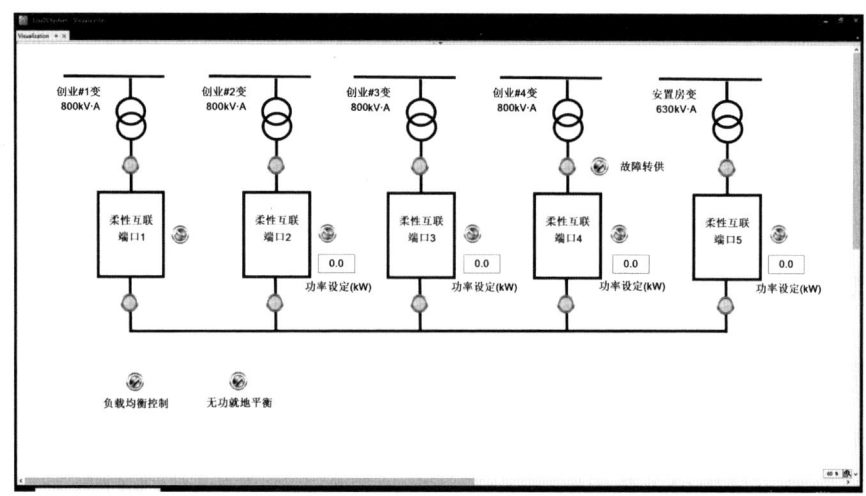

图 5.4.5　低压多台区柔性互联系统可视化界面

表 5.3.1 模型输入输出参数列表

类别	序号	参数名称	含义
输入参数	1	Start1	柔性互联端口 1 启停控制
	2	Start2	柔性互联端口 2 启停控制
	3	Start3	柔性互联端口 3 启停控制
	4	Start4	柔性互联端口 4 启停控制
	5	Start5	柔性互联端口 5 启停控制
	6	controller	负载均衡控制
	7	Qbalance	无功就地平衡控制
	8	switch	创业 4# 变低压侧断路器开关
	9	Pref2	柔性互联端口 2 有功设定
	10	Pref3	柔性互联端口 3 有功设定
	11	Pref4	柔性互联端口 4 有功设定
	12	Pref5	柔性互联端口 5 有功设定
输出参数	1	Pline1	创业 1# 变有功功率
	2	Pline2	创业 2# 变有功功率
	3	Pline3	创业 3# 变有功功率
	4	Pline4	创业 4# 变有功功率
	5	Pline5	安置变有功功率
	6	Qline1	创业 1# 变无功功率
	7	Qline2	创业 2# 变无功功率
	8	Qline3	创业 3# 变无功功率
	9	Qline4	创业 4# 变无功功率
	10	Qline5	安置变无功功率
	11	Pmodel1	柔性互联端口 1 有功功率
	12	Pmodel2	柔性互联端口 2 有功功率
	13	Pmodel3	柔性互联端口 3 有功功率
	14	Pmodel4	柔性互联端口 4 有功功率
	15	Pmodel5	柔性互联端口 5 有功功率
	16	Vacmean	创业 4# 变 AC 线电压有效值
	17	Vac	创业 4# 变 AC 线电压

5.4.3 仿真结果

对低压柔性互联系统模型进行仿真，导入了实际运行数据，可得在设备启动前，5个台区负载率相差较大，个别台区存在功率倒送现象；投入负载均衡控制后，柔性互联装置启动有功调控，经过约0.5s，5个台区实现以相同负载率运行，且当负荷功率波动后，能继续保持均衡运行。投入无功就地平衡控制后，柔性互联装置启动无功调控，5个台区变压器与外部电网无功功率交换变为零。案例中还模拟了创业4#配电变压器发生故障的情况，当断路器断开后，柔性互联端口4自动由恒功率控制转为恒压/恒频控制，建立母线电压，由图5.4.6可得，创业4#配变负载率变为0%,交流电压在短暂跌落后重新恢复正常,其余4个台区继续保持负载均衡,并共同向创业4#台区供电,提高了供电可靠性。

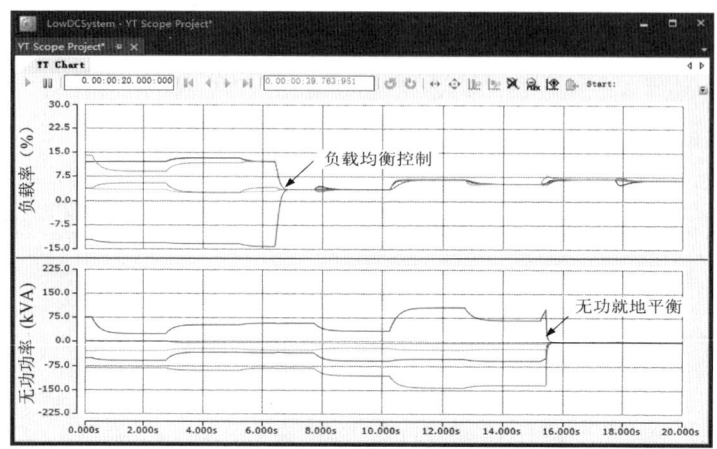

图 5.4.6　低压多台区柔性互联系统仿真波形(负载均衡控制、无功就地平衡)

低压多台区柔性互联系统仿真波形(故障转供)如图5.4.7所示。

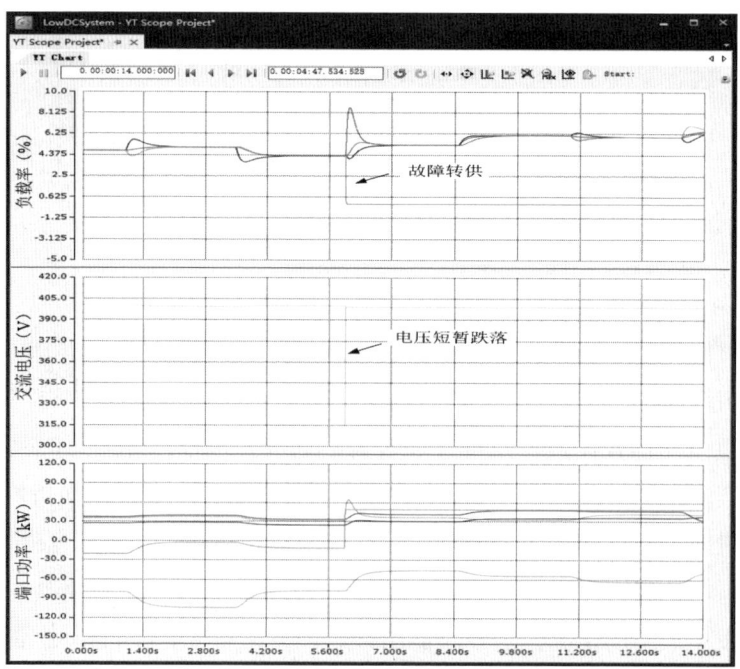

图 5.4.7　低压多台区柔性互联系统仿真波形(故障转供)

5.5 氢电耦合直流系统

氢能是一种清洁无污染、能源转化效率高、应用场景丰富的二次能源。氢能根据制取方式可以分为灰氢、蓝氢和绿氢。只有通过风、光等可再生能源产生的绿电制取绿氢，才能真正意义上算是零碳排放。未来氢能与电能的深度耦合将成为电力系统一种重要的储能方式。氢通过与新能源耦合，在新能源出力较高、电网用电低谷时段用富余电能进行制氢，促进新能源消纳；在风光资源不足时，氢通过燃料电池发电，提高电网调峰能力。

5.5.1 案例基本情况

本节以某氢电耦合实际工程为例开展仿真分析。如图5.5.1所示，该工程采用直流互联方式，直流母线电压为±375V，包含500kW光伏发电系统、200kW风力发电系统、0.5MW/1MWh储能电池、200kW电解制氢设备、120kW燃料电池，交流负荷功率约为400kW。由拓扑结构可知，风力发电机与交流负荷分别经AC-DC变流器连接至直流系统，光伏电池、锂电池储能系统、PEM电解槽和PEM燃料电池分别经DC-DC变流器连接至直流系统，PEM电解槽产生的氢气储存于储氢罐中，储氢罐中的氢气一部分用于加氢机加注氢气，另一部分用于PEM燃料电池发电。

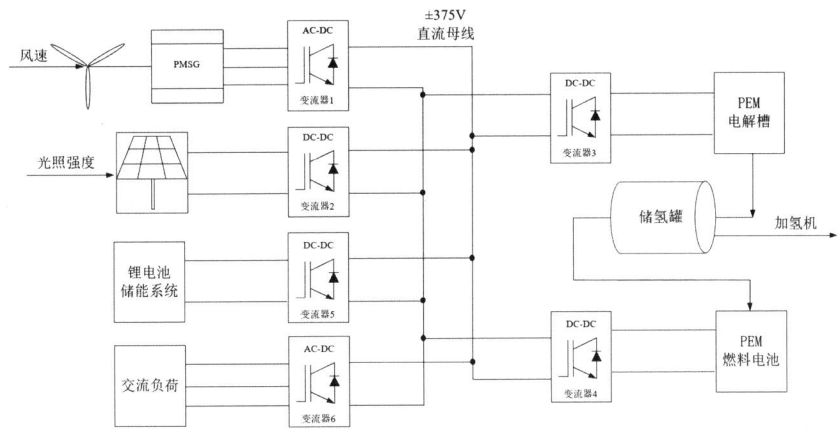

图5.5.1 氢电耦合直流系统拓扑结构

该工程将氢能与可再生能源耦合,在源端通过风、光可再生能源制氢,通过氢能支撑的直流系统,为用户提供电、氢、热多种能源供应,实现从清洁电力到清洁气体能源转化及供应的全过程零碳排放。

5.5.2 仿真建模及参数设置

如图5.5.1所示,该氢电耦合直流系统建模包括风机、光伏、储能电池、电解制氢、燃料电池、交流负荷6个部分,其中光照、风速、负荷等数据采用的是2022年7月该地的实际数据。相关参数设置说明如下。

1. 风力发电系统建模

风力发电系统仿真模型如图5.5.2所示,区域1为永磁同步发电机模型,输入为机械转矩,输出为50Hz三相交流电。区域2为风机控制系统模型,输入为风机定子三相电流、转子转速、电磁转矩、转子角度和风机转速,输出为风机机械转矩、风机转速、风机捕获功率和风能利用系数。区域3为AC/DC变流器模型,采用整流通用模型,输入为三相交流电和PWM波形,输出750V直流电。

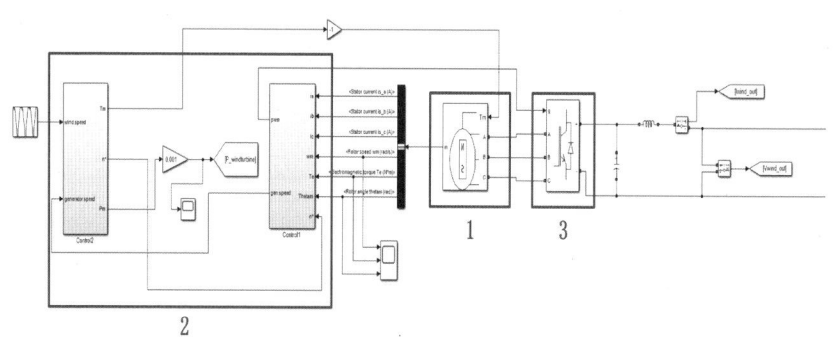

图 5.5.2 风力发电系统仿真模型

2. 光伏发电系统建模

光伏发电系统仿真模型如图5.5.3所示,区域1为光伏阵列模型,额定功率为500kW,采用10串、250并结构,开路电压约为363V,光伏阵列输入包括光照强度和温度。区域2为MPPT模型,采用电导增量法,根据当前光照强度和温度确定最佳运行电压电流值,改变变流器占空比使光伏阵列保持在最大功率点运行。区域3为DC/DC变流器模型,采用BOOST斩波升压电路,输入为占空比,输出为750V直流电。

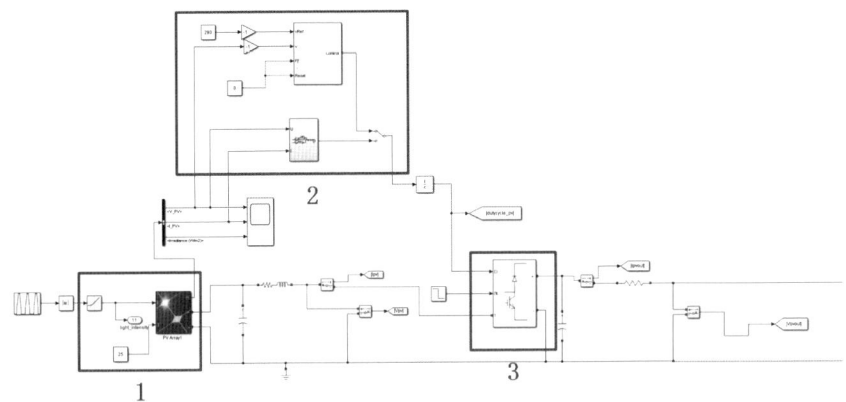

图 5.5.3　光伏发电系统仿真模型

3. 储能系统建模

储能系统仿真模型如图5.5.4所示,区域1为储能电池模型,额定电压为400V,额定容量为2500Ah,容量为0.5MW/1MW·h;区域2为储能系统控制模型,保持母线电压为750V;区域3为双向DC/DC变流器模型,输入为储能电池侧的直流电和占空比,输出为750V直流电。

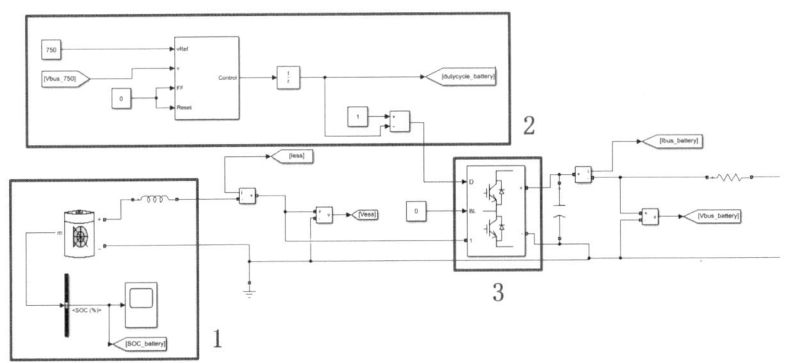

图 5.5.4　储能系统仿真模型

4. 电解制氢建模

电解制氢仿真模型如图5.5.5所示,区域1为电解制氢电化学机理模型，输入为电解制氢参考功率，基于电解槽特性参数得到电解槽极化曲线，根据查表法得到与输入参考功率匹配的电解槽电流密度，依据 PEM 电解槽的电化学机理分析计算得到电解小室的开路电压、活化极化电压和欧姆极化电压等，进而得到电解槽的开路电压、活化极化电阻和欧姆极化电阻等参数。区域 2 为电解制氢占空比模型，控制策略是保持输入电流为参考电流。区域 3 为电解槽等效电路模型。区域 4 为 DC/DC 变流器模型，采用 BUCK 斩波降压电路，输入为 750V 直流和电解制氢占空比，输出为与参考功率匹配的直流。

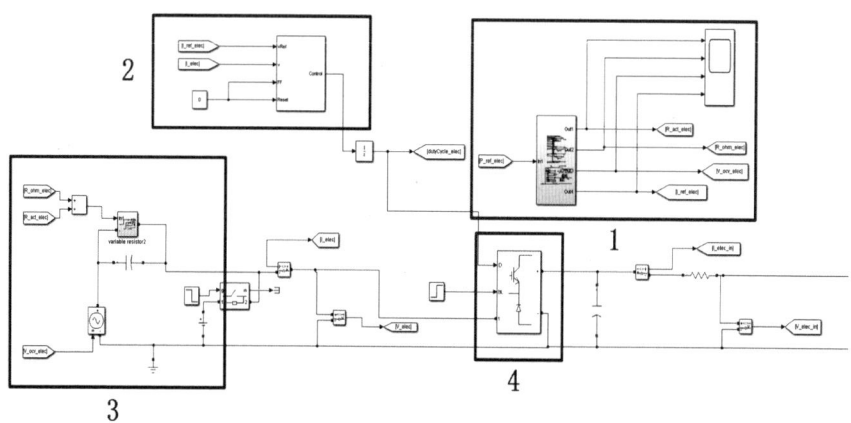

图 5.5.5　电解制氢仿真模型

5. 燃料电池建模

燃料电池仿真模型如图 5.5.6 所示，区域 1 为燃料电池电化学机理模型，输入为燃料电池参考功率，基于燃料电池特性参数得到燃料电池极化曲线，根据查表法得到与输入参考功率匹配的燃料电池电流密度，依据 PEM 燃料电池的电化学机理分析计算得到小室的能斯特电压、活化极化电压、浓差极化电压和欧姆极化电压等，进而得到小室的能斯特电压、活化和浓差极化电阻和欧姆极化电阻等参数。区域 2 为燃料电池占空比模型，控制策略是保持输入电流为参考电流。区域 3 为燃料电池等效电路模型。区域 4 为 DC/DC 变流器模型，采用 BOOST 斩波升压电路，输入为与参考功率匹配的直流，输出为 750V 直流。

5 有源配电网典型案例分析

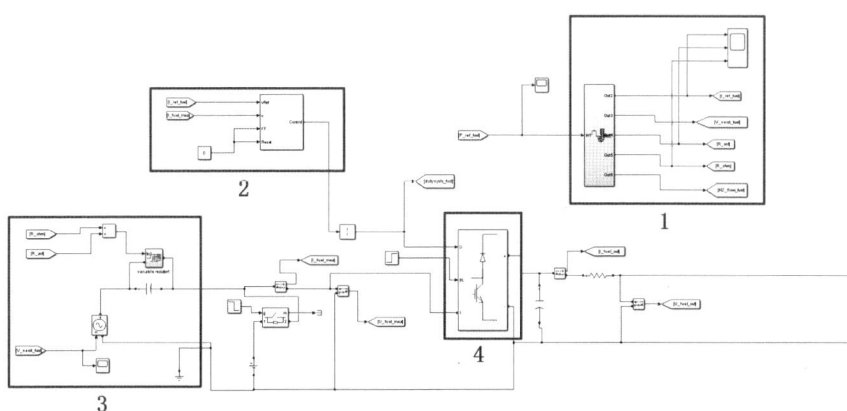

图 5.5.6 燃料电池仿真模型

6. 交流负荷建模

交流负荷选用三相动态负荷模型，通过导入外部数据，模拟负荷功率波动。

基于上述模型，搭建氢电耦合直流系统模型（图5.5.7），仿真步长设置为50μs。模型输入信号用红色标注，输出信号用蓝色标注，见表5.5.1。将仿真模型转化并导入至RT1000数字实时仿真软件后，完成仿真器配置，绘制可视化界面（图5.5.8），即可实现模型长周期实时电磁暂态仿真。

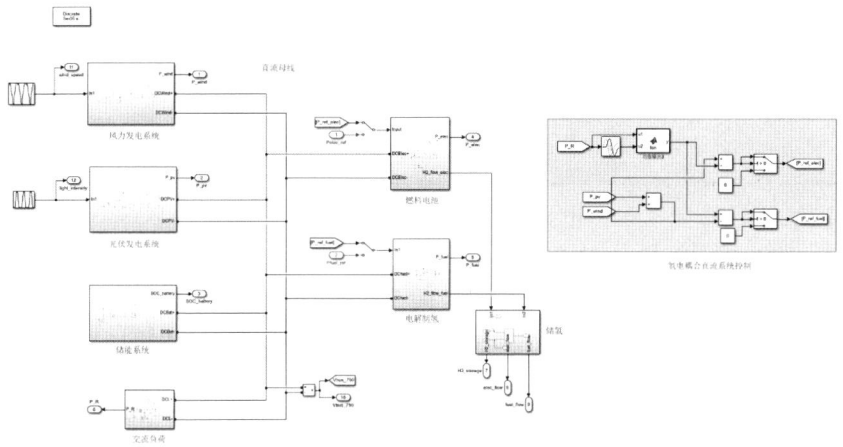

图 5.5.7 氢电耦合直流系统建模

表 5.5.1　模型输入输出参数列表

类别	序号	参数名称	含义
输入参数	1	Pelec_ref	电解制氢功率给定
	2	Pfuel_ref	燃料电池功率给定
输出参数	1	P_wind	风力发电系统输出功率
	2	P_pv	光伏发电系统输出功率
	3	SOC_battery	储能系统 SOC 值
	4	P_elec	电解制氢功率
	5	P_fuel	燃料电池功率
	6	P_R	交流负荷功率
	7	H2_storage	储氢罐压力
	8	H2_flow_elec	电解制氢氢气流量
	9	H2_flow_fuel	燃料电池氢气流量
	10	Vbus_750	直流母线电压
	11	wind_speed	风速
	12	light_intensity	辐照度

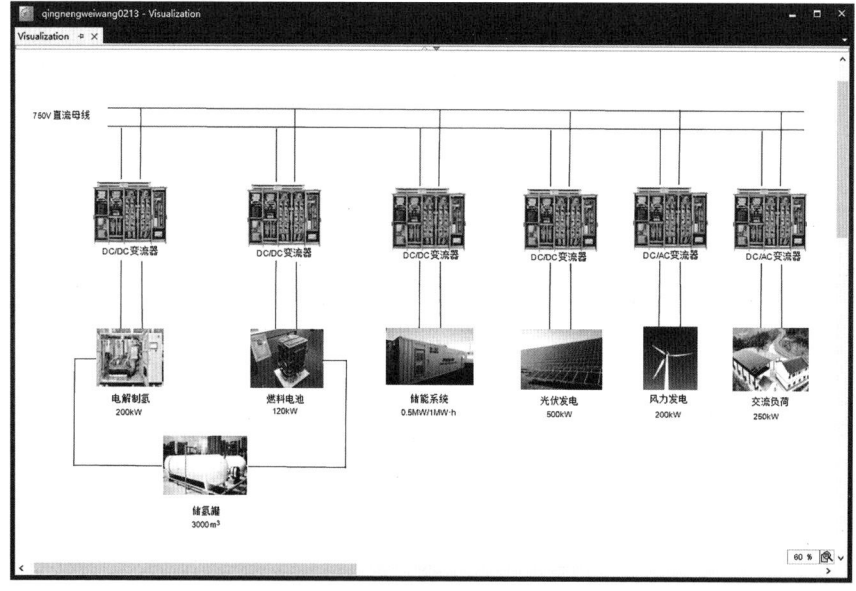

图 5.5.8　氢电耦合直流系统可视化界面

5.5.3　仿真结果

对氢电耦合直流系统模型进行仿真，导入典型日实际运行数据。可得在早上 7:00 前，新能源出力不大，燃料电池启动，通过消耗氢气发电为直流系统提供有功功率，储氢罐中氢气压力持续降低。7:00—16:00，新能源出力超过负荷，电解制氢启动，消耗富余的绿电，储氢罐中氢气压力回升。16:00后,新能源出力不足,燃料电池重新启动。由图5.5.9可得,电解制氢和燃料电池功率可根据新能源出力波动自适应调节,储能系统始终能维持直流母线电压稳定。

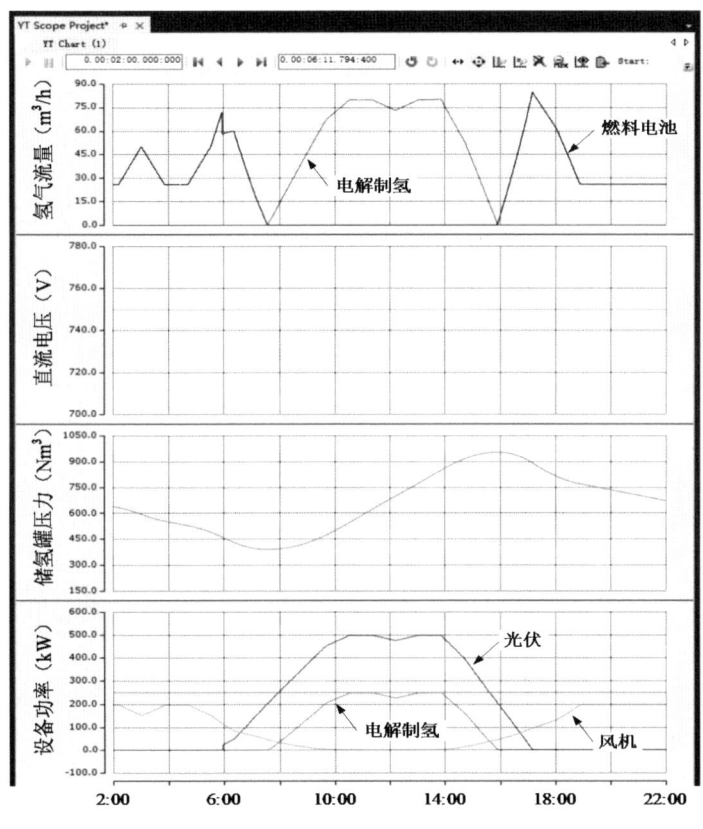

图 5.5.9 氢电耦合直流系统仿真波形

6

展望

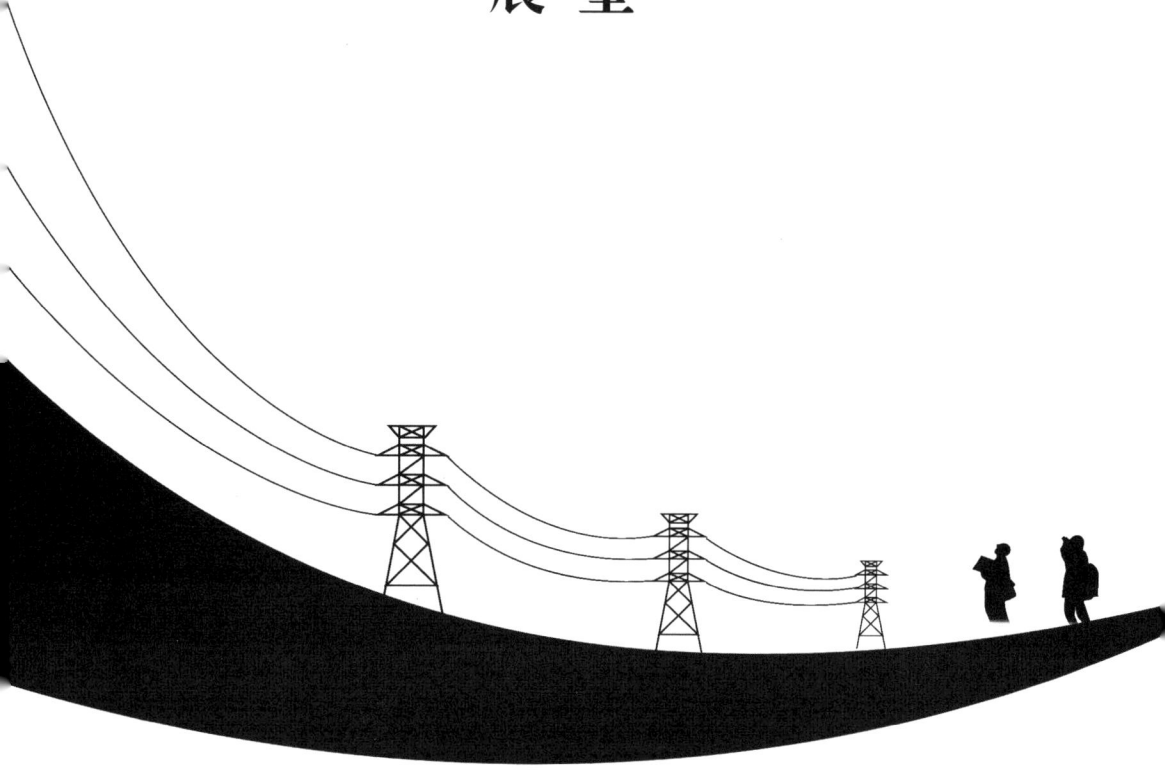

新型电力系统对仿真的规模、精度和速度的要求越来越高，巨大的计算量将导致计算时间延长，影响仿真可行性和分析时效性，需要对仿真计算方法和硬件不断升级换代来支撑。随着新一轮科技革命与产业变革席卷全球，大数据、云计算、人工智能、超大规模专用芯片计算、量子计算不断发展，并逐步趋于成熟，仿真技术可依托的计算算力不断增强，这将有力地推动仿真技术进一步发展，拓展仿真技术的适用场景。

6.1 仿真新技术发展

6.1.1 数字孪生技术

数字孪生技术以真实状态的物理模型为基础，打通物理世界和数字世界，做到全要素映射，是实现虚实融合的复合技术。随着电网数字化转型的不断深入，新型电力系统逐渐呈现智能化、电子化、数字化的特征，海量多源异构数据的采集、传输、存储、分析面临巨大挑战。数字孪生技术可有效解决新型配电系统因能量、数字高度融合等带来的可测、可观、可控性难以提升的问题，在虚拟空间中利用计算机语言进行电力模型搭建以及运行数据分析，有效将电力系统中的可视化现象与虚拟进行结合，将监视数据与机器学习算法进行结合，形成数据层面的可操作性。

国内高校和企业对数字孪生电网已经开展了广泛的研究，有学术团队提出了数字孪生五维模型、配电系统电力设备数字孪生底座系统设计等数字孪生在电力系统中的应用设想；国家电网、南方电网等企业已开展数字孪生技术在电网工程中的实际应用开发与落地，探索数字孪生技术与电网数据的深度融合和应用绑定，实现电力企业、电网运维的数字化转型。数字孪生电网通过多维度、多时间尺度的动态虚拟仿真，可以对电网实体设备实时感知和推演，并提供决策参考，有效提升设备监测、运检和决策的效率。

6.1.2 基于云计算的仿真技术

云计算技术是分布式计算、并行计算、网络存储、虚拟化等传统计算机技术和网络技术发展融合的产物。云计算可以实现多仿真任务并行仿真计算，有效解决传统硬件上电力仿真软件"跑不动"的问题；可以对预期的千变万化的运行场景进行充分的遍历扫描，解决因计算时间受限导致仿真模拟只能在少量代表性运行场景上进行的问题，实现电网"仿真自由"；另外，上云后的仿真计算可以满足网、省、地各级的并发计算需求，为实现网、省、地计算业务软硬件资源和模型数据资源的共享和一体化管理提供了可能性。

目前有工作者搭建了基于容器技术的电力设备仿真云平台，开展了基于云计算的仿真技术研究，提出基于动态构建的三层映射算法和虚拟化技术下的云仿真运行环境动态构建技术，发挥多用户灵活使用云计算平台大规模多核处理器的优势。平台可根据集群负载动态进行自动扩缩容，能够有效降低计算机的采购成本，同时提高计算资源的利用效率。随着电力系统暂态云仿真平台CloudPSS被清华大学推出，中国电力科学研究院有限公司也已实现云化仿真技术的应用，充分利用云计算的强大高仿真计算能力，实现了多个仿真任务的并行计算。随着电力系统规模的扩大和智能化程度的提高，云计算技术将被广泛应用于其仿真分析领域。

6.1.3 超大规模仿真专用芯片

常用的数字芯片，如CPU、GPU和FPGA等，虽然为仿真计算带来了通用性和便利性，但伴随着较多的冗余电路，会对芯片的计算能力产生一定的限制。从代码到逻辑门电路再到物理层，随着阶段的演进和信息量逐级递增，计算时所需消耗的资源量不断增加。而在28nm以及更先进制程下，包含的工艺参数更多，电路更复杂，信息量级还会被进一步放大。因此，针对仿真计算特点和仿真模型特征进行芯片的设计及优化才能充分发挥硬件计算潜力。仿真专用芯片技术提供了一种创新的应用思路，即采用专用芯片进行电力系统中稳定模块的仿真计算（如FPGA用于MMC和变流器仿真，CPU用于交流网络仿真等），而将其他相对灵活多变的部分仍然采用可编程通用硬件计算。这种方法在充分发挥仿真专用芯片计算加速能力的同时还能兼顾不同仿真场景的通用性。

当前，已经有研究利用电子设计自动化（EDA）工具，在超大规模集成电路上设计形成仿真模型的研究，这进一步拓展了芯片在计算领域的潜力。一些相关技术专家提出了基于并行计算特性的电力仿真计算专用优化架构。他们利用EDA工具直接设计片上电力仿真系统，在IEEE14、IEEE30、IEEE118节点系统标准模型均有显著的加速效果，相比于基于MATLAB的电力系统仿真组件MATPOWER，其仿真计算速度最高可提升25倍。另外，随着我国5G通信标准的放开，算法仿真的地位与日俱进，涉及大量算法业务的无线通信芯片、AI芯片，近几年快速发展，在电力仿真中也将迎来发展前景。

6.1.4 量子计算

随着新能源发电比例的不断增加，计算并确保电网稳定以及防止设备过载问题变得更加复杂，需要新的工具来大力加快电力系统的计算、优化和安全评估等问题。作为一种新兴的计算范式，量子计算在诸多领域中具有巨大的潜力。它有望解决那些在信息安全、量子化学、组合优化、人工智能等领域传统计算机难以应对的复杂问题。量子计算能够实现计算能力的指数级提升，具体而言，当系统中存在N个量子比特时，总共会有$2N$个叠加态，这使系统可以同时处理$2N$种情况，从而极大地增强并行计算的能力。这种特性使量子计算在处理具有大规模状态空间的问题时表现出色。

潮流与网状电网的分布方式有关，构成了电网中大量高级计算的基础。然而，潮流问题背后的新算法需要新的工具，这是当今超级计算机无法完成的。对求解电力系统大规模微分方程组的仿真计算，受限于传统计算机通信带宽和速度的因素，提升仿真速度的过程相对缓慢。此外，求解微分方程组不能使用传统的量子计算方法。然而，令人振奋的是，在2010年，悉尼麦格理大学在量子计算领域取得了重要进展，成功开发了一种能够解决线性微分方程的算法。这个算法在速度方面明显超越了传统计算机。2021年，麻省理工学院和马里兰大学采用了不同的原理，提出了求解非线性常微分方程组近似解的方法。丹麦技术大学研究团队首次使用真实量子计算机进行了电网计算，使用五种不同的量子计算机，应用 HHL 量子算法并研究了噪声量子硬件对 AC 潮流算法的准确性、速度的影响。该团队在具有真实量子计算机的 3 总线和 5 总线系统上进行了相同的研究，以确定与这些算法的可扩展性相关挑战和开放研究问题。还有一些研究致力于尝试使用量子计算常微分方程组的解，这些研究把方程组的求解转化为量子计算中较为成熟的优化问题，实现方法是使用 Runge-Kutta 数值计算。如果未来量子计算发展到相对成熟的阶段，能够解决超大规模方程组的问题，就将为仿真计算提供强大的支持。这种前景引人瞩目，因为量子计算具有足够的潜力解决目前电力系统仿真等领域难以应对的复杂问题。

6.1.5 自动化建模技术

建模技术在电子电气设计中不可或缺。当前，自动化建模已成为提高电子产品设计效率、最大化降低研制成本的有效实现途径。电网系统级电磁暂态自动化建模技术，主要原理是读取原始大规模电网电磁暂态数据，筛选出数据中所有厂站的母线信息；将筛选出的母线分成多个部分，并将每部分母线整理为一个集合；根据所定义的母线集合，确定与母线集合相关的所有电网元件，从而确定集合内部的元件组成，根据原始大规模电网潮流结果数据确定集合的边界元件参数；对已定义的全部集合及未定义的母线集合自动生成完整的电网模型。自动化建模技术可以大幅提高对目标电网的建模效率。

有研究者提出了微电网的自动建模方法，先建立微电网模板库和测量信息点模板库；判断实际待建模微电网的类型，从微电网模板库中选取与之匹配的微电网模板作为实际待建模微电网的基础模板；根据实际待建模微电网中具体设备的型号和数量，对基础模板进行配置，建立新的微电网模板；从测量点模板库中选取相应的测量信息点的模板，根据相应的规约关联到新建的微电网模型库中。中国电力科学研究院攻关团队研发了电力系统自动负荷建模系统，借助调控云、数据中台等数字化技术手段，接入调度、营销、设备等专业数据，可以自动完成负荷建模和数据收集；系统采用的建模方法为分布式电源的新型综合负荷模型，可自动计算不同地域的 24h 负荷，实现了对有源配电网海量负荷的统计分析和精准建模，可以给电网仿真计算提供时效性强、精准度高的分时分类负荷模型参数，有效优化电力系统负荷的分布性和时变性难题，提升仿真系统的可靠性。自动化建模技术，有利于实现电网建模全过程数据的追溯，确保模型质量可控，降低人工建模的错误率，对提高大规模电网仿真效率、降低研究成本具有重要意义。

6.2 仿真应用场景

6.2.1 能源互联网仿真

能源互联网是电网转型规划、建设和运营的重点工作之一。能源互联网是一个显著的跨学科融合领域，超越了单纯的互联网与电网、气网等物理网络的连接，将多种形式的能源网络与信息通信技术紧密结合，发挥能源之间互补的优势，构建了全新的能源网络模式。以电力为核心是城市能源互联网的核心理念，创建一个协同作用强、多元化、低碳、开放性高的城市综合能源结构。与传统的能源供应网络不同，在城市能源互联网中，各种不同能源如电、气、冷、热等的供应网络之间的耦合程度明显提升。这表现在两个方面：一是各种能源类型通过多样的物理设备元件相连接，它们在转换、生产、传输和消费的过程中相互交织影响，形成了跨越多个时空尺度、复杂多变的动态耦合过程。二是不同能源网络的运行调度、控制保护以及应急恢复等调节逻辑彼此依存，需要实现协同运行，同时需要多种能源之间的相互补充。鉴于这些特性，城市能源互联网仿真实验平台需要具备更高的资源配置灵活性、系统架构可扩展性以及信息物理融合性，以满足对能源互联网关键技术、不同系统方案以及不同应用场景的研究、试验、验证和评估需求。

最近几年，研究关注于多能源系统的耦合仿真，主要集中在稳态建模和稳态能量流计算方面，但对不同能源网络之间的暂态过程的复杂耦合尚未充分考虑。然而，由于系统中的热网和气网等具有较长的暂态过程时间常数，实际多能源系统难以在短时间内达到稳态。研究已经表明，时域动态数字仿真是验证和测试各种调控策略的核心技术方法，也是研究复杂能源系统所必需的基础工具。在这种趋势下，建立准确的电、气、热网元件的动态仿真模型，搭建实时仿真平台，对于研究复杂动态过程至关重要。这些模型和平台能够有效验证能源互联网协调控制策略的有效性。国外城市能源互联网仿真系统采用基于 Agent 的仿真方法、英国的 CASCADE 系统和美国的 EMCAS 系统。它们将各类能源生产者、消费者以及不同层级的能源中介抽象为智能行为主体。这些主体按照不同的方式在经济网络、信息网络、能量网络综合环境进行相互作用。虽然像 RETScreen、EnergyPlan 和 DER-CAM 那样的用于分析综合能源供需平衡的仿真软件已经涌现，但这类软件只适合简单的模拟系统。因此，为推动能源互联网的理论研究和仿真应用，迫切需要构建能够适用于能源互联网的多能耦合静态和动态模型，开发适用于复杂系统的能源耦合运行仿真工具。

6.2.2 电力设备多物理场仿真

在电力设备运行中，多个物理场（如电场、磁场、热场、力场和流体场）相互作用，使电力设备受到复杂影响。为了确保电力设备的最优设计和可靠运行，多物理场耦合仿真不可或缺。仿真方法在获取设备内部复杂物理场分布方面起到了重要作用，它的核心是求解由单一物理场偏微分方程构成的耦合方程组和耦合关系方程组，同时多物理场之间的相互作用机制以及相应的数学模型是确保建模和数值求解准确性的关键。由于多物理场方程中涉及非线性微分算子、材料本构关系的非线性以及复杂的耦合关系，因此在求解多物理场耦合数学模型时，数值算法的精度、效率、稳定性和收敛性成为工程仿真软件开发和应用中需要重点考虑的问题。随着单一物理场仿真算法的不断发展和软件计算精度的提高，工程仿真和优化已经逐渐取代部分实验工作。为了满足不断提高的设计精度需求，多物理场仿真综合考虑各种影响因素及其相互耦合作用，能够对设备的实际工况进行综合建模和精细分析。随着计算机硬件计算能力的不断提升和软件算法技术的发展，高性能计算中心、多核大内存工作站使电力设备的精细多物理场仿真成为可能并得到普及，为电力设备设计、分析和优化提供了强大的工具和支持。

为了应对电力设备在设计、制造和运行维护等多个场景下所面临的工程设计和优化难题，国内外的学者和软件研发工程师在电磁场理论、材料科学、计算数学、计算机科学等多个学科的基础上，进行了跨学科的交叉融合创新实践。他们开发了多种单一物理场和多物理场仿真软件，这些软件在解决电力设备在大场域、多介质、多物理场情况下的复杂工程问题计算方面正得到越来越广泛的应用。多物理场耦合仿真的目标是精确地模拟真实的物理世界，但实际上复杂物理现象的准确数值解是一个具有挑战性的问题。复杂的多物理场耦合现象往往不能简单地用统一的单一物理场偏微分方程来描述，这是因为不同物理场之间存在着数据交互、几何与网格兼容性等复杂问题，同时还涉及多个空间尺度和时间尺度的耦合。正因为如此，精确的多物理场耦合数值分析技术仍然是仿真软件发展的一个重要挑战和方向。

在过去的十年里，专注于电磁、流体和材料特性仿真研发的软件公司受到了高度关注，引起了市场的兴趣，很多公司纷纷被收购。这也反映了电磁、流体和材料特性仿真领域在工程领域中的重要性以及软件发展的潜力。虽然在这些领域取得了一些进展，但仍然存在许多待解决的工程问题，这些问题需要更多的研究和创新来解决。特别是在电力设备多物理场耦合仿真方面，我们仍然面临着许多挑战和难题。这包括深入理解多个物理场之间的耦合机制，开发高效、准确的数值离散方法，提升仿真软件的应用深度和广度，以及为不同领域的工程问题进行定制化开发。这些方面都是多物理场仿真研究的关键内容，也是推动仿真技术在电力设备设计、制造和运行维护等方面发挥更大作用的关键。在电力设备工程计算问题的解决过程中，多种多物理场仿真软件为解决实际工程难题提供了多样化的解决途径。这些仿真软件的集成应用已经在深度和广度上取得了新的高度，为工程领域带来了显著的变革和进步。特别是在应对大规模复杂问题的工程仿真挑战时，仿真软件内核的集成封装和新功能模块的定制化开发成为一个新的发展方向。

6.3 数字实时仿真平台展望

在推动构建以新能源为主体的新型电力系统背景下，高比例新能源并网、高比例电力电子装备将成为未来新型电力系统的主要趋势和突出特征。下面，对建模仿真技术如何更好地适应新型电力系统未来发展进行展望。

（1）用户开放性。新型电力系统仿真开放性地面向用户，包括电网规划、电网调度、电网运维、装备制造厂商等应用领域的参与者以及科研机构、高校、仿真设备厂商等从事研发工作的部门。因此，仿真平台应该具备较好的操作界面和操作方式，具有便利性和直观性。

（2）仿真模型的交互。作为数据资源，仿真模型可以被有效地整合和管理，构建一个强大的数据中台，用于存储、检索、分析和共享；为了满足用户的应用习惯，新一代仿真平台需要与主流仿真软件和模型保持互相兼容，这可以通过建立标准的仿真接口标准来实现。在联合仿真方面，可以将模型的内部结构和算法公开，或者嵌入仿真平台中，使其成为平台的一部分。

（3）仿真算力的适配与协同调度。针对不同类型的硬件加速器，如CPU、GPU、FPGA仿真专用芯片等，利用它们的计算性质和算力特点进行智能匹配，以实现最优的仿真性能和效率。采用智能匹配不同硬件加速器、合理任务分配、云平台技术的应用等手段，可以充分发挥硬件资源的潜力，提升仿真的效率和准确性。

（4）高级应用的支撑性。仿真平台的设计应当注重开放性和丰富的接口，以满足风险预警、电网计算、装备设计与检测等上层高级应用调用。

参考文献

[1] 曹斌,张叔禹,胡宏彬.新能源并网电磁暂态仿真技术与工程应用[M].北京:中国电力出版社,2020.

[2] 李维波.电力电子装置建模分析与示例设计[M].北京:机械工业出版社,2021.

[3] 蔡昌春.微电网等效建模理论与方法[M].北京:电子工业出版社,2020.

[4] 胡列翔,李宏仲,王蕾,等.高可靠性配电网规划[M].北京:机械工业出版社,2020.

[5] 朱凌志,董存,陈宁.新能源发电建模与并网仿真技术[M].北京:中国水利水电出版社,2018.

[6] 鲁宗相,闵勇,乔颖.微电网分层运行控制技术及应用[M].北京:电子工业出版社,2017.

[7] 周孝信,田芳,李亚楼,等.电力系统并行计算与数字仿真[M].北京:清华大学出版社,2014.

[8] 包子阳,余继周.智能优化算法及其MATLAB实例[M].北京:电子工业出版社,2016.

[9] 刘金琨.先进PID控制MATLAB仿真[M].北京:电子工业出版社,2016.

[10] 张泽旭.神经网络控制与MATLAB仿真[M].哈尔滨:哈尔滨工业大学出版社,2011.

[11] 谢宇哲,王杨,贺艳华,等.面向宽频段谐振分析的集中式光伏电站单机等值模型适用性分析[J].热力发电,2024,53(4):9-18.

[12] 董毅峰,王彦良,韩佶等.电力系统高效电磁暂态仿真技术综述[J].中国电机工程学报,2018,38(8):2213-2231,2532.

［13］丁承第.基于FPGA的有源配电网实时仿真方法研究［D］.天津：天津大学，2014.

［14］谢立前.大规模电磁暂态实时仿真系统的快速设计与实现［D］.上海：上海交通大学，2020.

［15］喻绍鸿，张宏俊，王磊，等.大规模MMC电磁暂态实时仿真建模方法研究［J］.电子元器件与信息技术，2022，6（10）：13-16，116.

［16］王薇薇，朱艺颖，刘翀，等.基于HYPERSIM的大规模电网电磁暂态实时仿真实现技术［J］.电网技术，2019，43（4）：1138-1143.

［17］章飞，周子凡，顾伟，等.基于状态空间方程和开关函数的VSC电磁暂态仿真通用建模方法［J］.电力系统自动化，2023，47（23）：84-91.

［18］高晨祥.电力电子变压器电磁暂态等效建模及实时仿真方法研究［D］.北京：华北电力大学（北京），2022.